你总是太容易放过自己

马一帅◎著

台海出版社

图书在版编目(CIP)数据

你总是太容易放过自己 / 马一帅著. — 北京：台
海出版社, 2017.8

ISBN 978-7-5168-1492-5

Ⅰ.①你… Ⅱ.①马… Ⅲ.①成功心理–通俗读物
Ⅳ.①B848.4–49

中国版本图书馆 CIP 数据核字(2017)第 171549号

你总是太容易放过自己

著　　者:马一帅

责任编辑:王　萍　曹文静

装帧设计:芒　果　　　　　版式设计:通联图文

责任校对:王　杰　　　　　责任印制:蔡　旭

出版发行:台海出版社

地　　址:北京市东城区景山东街 20 号　　邮政编码:100009

电　　话:010-64041652(发行,邮购)

传　　真:010-84045799(总编室)

网　　址:www.taimeng.org.cn/thcbs/default.htm

E-mail:thcbs@126.com

经　　销:全国各地新华书店

印　　刷:北京柯蓝博泰印务有限公司

本书如有破损、缺页、装订错误,请与本社联系调换

开　　本:710mm×1000 mm　　　　1/16

字　　数:180 千字　　　　　　印　张:14.5

版　　次:2017 年 8 月第 1 版　　印　次:2017 年 8 月第 1 次印刷

书　　号:ISBN 978-7-5168-1492-5

定　　价:38.00 元

前　言

1

蔡康永说："15岁觉得游泳难，放弃游泳，到18岁遇到一个你喜欢的人约你去游泳，你只好说：'我不会耶。'18岁觉得英文难，放弃英文，28岁出现一个很棒但要会英文的工作，你只好说：'我不会耶。'人生前期越嫌麻烦，越懒得学，后来就越可能错过让你动心的人和事，错过新风景。"

年轻的时候，总以为来日方长，现在偷个懒也没什么，舍不得让自己受苦。不愿意多花工夫让工作尽善尽美，喜欢煲电视剧；早起跑步太难，总想睡个懒觉；看书枯燥无味，耐不住这份寂寞，还不如打两盘游戏来得爽快……

每次做选择的时候，还以为只是个稀松平常的日子，殊不知，自己正站在命运的三岔口上。

2

有时候我们很"聪明"，看起来每次都能让自己化险为夷，却也等于让自己避开了那些突破自我的机会。我们看起来选择很多，实际上却只能维持自己低水平的生活，等待面临没得选的那一天。

短期内是舒服了，长期必然害了自己。

贸易通常是将本国和他国的优势产品进行互换，最终达成互惠互利；就贸易双方的利益来讲，得到贸易顺差的一方是占便宜的一方。假如，你把青春看作是和老板、和客户、和自己的人生感受进行的一场贸易，你的年轻、朝气、耐力、不老于世故，就都将为你带来效益——更高的薪水，更广的社交,更快乐的心境。

可这不是你的绝对优势,仅仅是相对优势。相对,就意味着存在被转换的危机——花无百日红!

青春容易使人麻痹、大意,它令我们觉得后面还有大把时间,因此经常不会珍惜眼前拥有的,或许还幻想着不劳而获,于是成了希腊神话里的美少年纳西索斯,爱上自己在水中的倒影,终日在水边徘徊,最后溺死在水里,化作水仙花。"爱上别人,却不能以被爱作为回报"。这是众神对纳西索斯的惩罚。

其实这是一个观念的问题,都是由于我们无法正确地看待人生,没有把青春看作是生命的一个正常阶段,相反却给它贴上了"特权"的标签,以为在这个阶段就可以为所欲为,无往不胜;或者是制定了名目繁多的日程表,却不督促自己按时执行。

放过自己很容易,让生活放过你却很难。

3

商场营业员说:"小青年比百万富翁更敢于花钱。"我们面不改色地把薄薄一沓钞票花得精光。那是因为,站在我们身后的,是无比强大的青春年华。

喜欢漂亮的衣服、豪华的洋房、美貌、财富、爱人艳羡的目光和一切胜出者的喜悦……有什么不对?它不过是一种生命的原动力,驱使我们向更美好、更灿烂的生活前进。

所以,我们要做的不应该是压抑和抹杀这种本能的愿望,而是应该认真倾听内心的声音,知道自己想要过什么样的生活。

知道了,然后努力去争取,靠自己的能力,而非假借别人之手——依傍父母或出卖青春——去得到自己想要的生活。

我们都是这样长大的,而且,请相信我们的父母长辈都有过这样的时光。

写这本书,是因为很想对大家说,有些事,年轻的时候不懂得,当懂得的时候,已不再年轻;有些事,有机会的时候没去做,而当想做的时候,已没有机会。

趁着你还年轻,请不要那么容易,就放过自己!

目 录

Contents

▲

第三章　你不是想得太多,而是动得太少　　43

生命就是一次行动的过程。在这个过程中,我们留下了许许多多的脚印,无论是规则的还是不规则的脚印,都在默默证明我们的行动姿态。你用什么样的姿态去做事情就会有什么样的收获,这就是行动的效果。

第四章　你对自己多懒惰,生活就对你多无情　　65

太多人一边在流着口水羡慕别人功成名就,光彩夺目,一边在给自己找借口拖延不思进取。他们明明知道,理想是用来实现的,而不是单纯用来在梦里放飞的。

第五章　或许你不知道,你的脑洞还可以开这么大　　　87

成功离不开变通。你又何苦墨守成规不敢改变? 不试一下,你怎么知道,自己的脑洞原来还可以开这么大?

第六章　拜托你,先干好你的本职工作吧　　　107

我们常常会发现,自己感兴趣的职业,其发展空间有限;那些存在着巨大发展空间的行业却往往并不适合自己。但是,只要我们有足够的耐心,就能在兴趣、前途和适合自己的职业之间找到某种平衡。

第七章　停止折磨自己,生活从来不会一蹴而就　　129

　　有位作家说的一段话很有道理:"自己把自己说服,是一种理智的胜利;自己被自己感动了,是一种心灵的升华;自己把自己征服了,是一种人生的成熟。"把自己说服了、感动了、征服了,人生还有什么样的挫折、痛苦、不幸不能被我们征服呢?

目录

▲

第八章　你不可能避免犯错,但切不可一错再错　　151

"人非圣贤,孰能无过",世界上没有一个人能保证自己永远不犯错。但是,为什么有的人成就卓著,而有的人却成就低下?其实答案很简单:有的人一错再错,没有及时地从错误中吸取教训,而延缓了前进的步伐。

第九章　唯有你自己,才能令你自卑或自信　　171

拥有了自信,再平凡的人也能做出惊天动地的事情来。这样说,并不是因为拥有自信的人就一定会成功,而是因为拥有自信的人往往都活得很精彩,他们通过自己的努力,让不可能变为可能,他们是生命奇迹的创造者。

第十章　苦难,绝不是你放过自己的理由   195

人生的道路充满荆棘与坎坷，生活中不可能总有阳光明媚的艳阳天，狂风暴雨随时都有可能光临。苦难来临时，我们无处躲藏，既然如此，索性就让它留下的创伤永远提醒自己，让自己变得更加成熟与坚强。

第一章

四十岁之前,你没资格谈什么岁月静好

一个成熟的智者,从来不会建议你在可以尝试的时候,去选择安全;从来不会指导你在今后四十年忘掉梦想和外面的世界;从来不会告诉你"算了吧,大家都差不多",因为他们看到的不是差不多而是"差太多"。越是成熟的智者,越是明白,年轻是怎么一回事,年轻就是:试错,战胜,再试错。因为,他自己也是这样做的。

1. 你不去追求，就只能失去 ◀

当一个人满足于现状，他便失去了追逐美好未来的动力。世界就是如此，你不去追求，就只能失去，因为，世界永远在变化。

在大山脚下，住着一群平凡的人。这里土壤贫瘠，交通不便，人们少与外界来往。这群人生活贫苦，目光短浅，志向低下。但这就是现实，他们祖祖辈辈如此，子子孙孙依旧，早已适应了这样的生活。

可是，有一天，他们之中有一个年轻人说："我要走出这里，想到远方的世界去。这里已不再适合我，我要到一个更加富饶的地方，成就我人生应有的辉煌与伟大。"

此话一出，一传十，十传百，这座山里的所有人都听说了年轻人的志向。他们将这个年轻人包围，开始了一番苦口婆心的劝说。

一个中年人说："山外的世界是什么？谁也不知道。一切都是未知的，未知便意味着存在危险，你可要三思而后行呀。"

一个老年人说："你要远行去寻找辉煌，这本是好事，但也不要太过于执着，以至于执迷不悟。毕竟当你一意孤行的时候，便是自取灭亡。"

这时，他们之中走出了一个哲学家。哲学家并没有长篇大论，他对这个年轻人说："记住，做人要知足常乐，不要这山望着那山高，还是安于眼下的生活吧，唯有这里，才是我们生存的根基。"

但这个年轻人去意已决，即使众人竭力挽留，也无济于事。最终，他还是出发了，离开了大山，向着远方走去。

虽然有太多的艰辛，也有太多的失落和困惑，但不论现实多么让人沮丧，这个年轻人都不曾想过回到曾经出发的地方。最终，这个年轻人走进了富饶的世界,那里繁华多姿、精彩纷呈,那里正是每个人梦想的天堂——他的目标实现了。

永远不要限制自己,认为自己做不到的事情就不去做。那些最终成就事业的人,他们从不会自我设限,而是敢于打破外界的重重阻挠,向着更好的人生迈步,向着更辉煌的事业进军。

一片荒原上,蝴蝶翩翩,雄鹰高飞。

不知在什么时候,有一张纸飘落在了荒原上。

这里,正值春暖花开。一只蝴蝶翩然起舞,环绕于花丛中。

这张纸见了,心生羡慕,说:"如果有一天,我也可以像蝴蝶一样,飞舞于天空中,那该有多好啊。"

一只苍蝇见了,说:"你有翅膀吗?别说蝴蝶了,你就连做苍蝇的资格都没有。"

有一日,这张纸面对夜空,对着一颗最小的星星,问道:"我们都是渺小的,难道我们注定不能实现自己的梦想吗?"

谁知,这颗最小的星星却不以为意,说:"谁说我是渺小的,你看我渺小,那是因为我离你最远罢了。"它由衷地劝诫道:"记住,梦想会带给你力量,没有什么是不可能的。"

这张纸终于觉悟了,发自肺腑地说:"我要飞上天空,像蝴蝶一样翩翩飞翔。"

蝴蝶听了,甚为愤怒,说:"一张毫无生气的纸,也想与我们蝴蝶相提并论吗?简直是白日做梦。"

但这张纸早已下定了决心。终于有一天,它在人的帮助下,飞上了蓝天。不仅高过了蝴蝶,甚至与雄鹰并驾齐驱。原来,它变成了一个蝴蝶样式的风筝。

无独有偶,地上有一根羽毛见了这张纸的转变,也产生了这样的设想,说:"终有一天,我也要飞上天空,与雄鹰一争高下。"

一只麻雀见了,说:"羽毛也可以飞上天吗?你连我都飞不过,更何况那高高在上的雄鹰呢!"

这根羽毛却依旧坚定执着,努力地寻找着飞上天空的方法。

天上的雄鹰也听说了羽毛的话,嘲笑道:"一根羽毛如果能飞上天空,那么,我就能在大海里捉鲸鱼了,但可能吗?当然不可能!"

但这根羽毛却坚定地相信,自己一定可以。后来,它终于找到了让自己腾飞的方法——它央求人将自己放在箭尾上,以保持箭的平衡。

晴空万里,一碧如洗。那只雄鹰依旧在天空中翱翔着。人看准时机,举弓拉箭,只见箭离弦而发,直上青云,将雄鹰射中。

在射中雄鹰的那一刻,这根羽毛对雄鹰说道:"世界上没有什么不可能的事,你觉得不可能,只是因为你没有发现自己的力量。"

对于一个有梦想的人来说,没有什么是不可能的。在实现梦想的路上,即使有坎坷,有困难,心底里的梦想也会赐予他力量,让他去克服所遇到的困难。

很多人总以渺小、平凡甚至失败自居,结果也就如他们所料,他们的人生以渺小、平凡与失败收场。其实,会有如此结果并非因为命中注定,而是因为他们从一开始就否定了自己,不去拼搏。相反,那些成功、伟大与事业辉煌的人,正因为他们相信会有积极的结果,所以从一开始就为了这样的目标而努力,而且最终也得到了这样的结果。记住,未来不是命中注定的,一切都是拼过以后才知道结果。

▶ 2. 活着不仅仅是为了生存,还要让自己升值 ◀

我们时常自问:"人应该怎么样活着?是默默无闻,还是一鸣惊人?"对此,我们也在寻找答案。我们看到李白、杜甫等因为诗词而存活在世人的心中,歌德、雨果等因为著作而存活在世人的心中,毕加索因为画作,莎士比亚因为戏剧,爱迪生因为发明,爱因斯坦因为研究,都永远存活在世人的心中。

多少世纪以前,有人提出了这样一个问题:什么叫作生存?

经过世世代代的思考、探索与推敲,经过智慧者的实践、应用与认证,众人最终得出了这么一个答案:活着,不论用什么方式活着,不论活得怎么样,只要活着,就是生存!

多少世纪以后,人们还是信奉着这么一个答案,并把它当成了真理。但问题是,他们之中,大多数人清贫地活着,困苦地活着,挣扎地活着,颓废地活着,失败地活着。

这时,有一个少年站出来说:"难道,我们生存仅仅是为了活着吗?那与猪狗又有什么区别?那与草木又有什么差异?"

这样的疑问一出,引起了众怒。

众人中走出一位老者,上前给了少年两巴掌,并号召众人,将这个狂妄的少年囚禁起来,让他知道:活着,就是生存!

就这样被囚禁了,少年变成了青年,青年变成了中年人,中年人变成了老年人,直到他临终之时,还是说了那一句话:生存,不仅仅是为了活着,还要让自己升值!

时过境迁,世界已发生了一系列的变化:

在陆地上，有了马车，有了自行车，有了汽车，有了火车，有了磁悬浮列车……

在海洋里，有了舟楫，有了轮船，有了汽船，有了舰艇，有了潜水艇……

在天空中，有了热气球，有了飞机，有了火箭，有了卫星，有了宇宙飞船……

在人世间，有了工业，有了发明，有了电话，有了网络，有了更多的高科技……

这时，人们不禁又开始发问：什么叫作生存？

最终，人们在曾经囚禁少年的地方发现了答案，它也成了新时代的最佳答案。这句话被那个少年刻在了石壁上：就价值而言，你可以是零，也可以是无穷，关键是你如何看待自己，并如何发展。因为，人不是仅仅追求生存的动物，还拥有梦想。人生存的最低极限是：活着，只要不死就可以了；人生存的最高极限是：让世界知道你曾经存在过。

在大地的一个角落里，有两个小物体，它们常以美玉自居。

有一天，它们遇到了一位雕刻家，便对雕刻家说："人都说，玉不琢，不成器，请您把我们雕刻成世间最美的玉器。"

雕刻家说："我试试吧。"说着，便将它们雕琢成了两片长方形的物体。

它们一阵欢喜，认为自己已经是美玉了，纷纷念道："美玉可沽，善贾且待。"

哪知，世人却给它们取了这么一个名字：瓦片！

原来，它们并非美玉，仅是两片普通的瓦片。

其中一片瓦片在得知真相的时候，恨恨地说道："宁为玉碎，不为瓦全。"说完，撞在了墙上，粉身碎骨。另一片瓦片却镇定了下来，逐渐适应了现有的身份，还请泥瓦匠将自己安置在了皇宫的正殿上。

几十年过去了，几百年过去了……

这片瓦片依旧完好如初，并且是这座宫殿中保存最完好的一片。为此，它被请进了博物馆，与美玉一同陈列。

此刻的瓦片，已然拥有了美玉般的价值。

成不了美玉,可以成为砖瓦。只要善于发现和利用,即使一片普通的砖瓦也会拥有美玉般的价值。毕竟,衡量成功与否,不是看我们本身是什么,而是看我们是否实现了价值。而要实现自身的价值,首先要学会适应。学会适应,才能敢于面对现实,并让现实向着最有利于自己的方向发展。学会适应,才会不畏失败,不畏挫折,不畏一切的阻力,最终冲破难关,直到成功。那些最终功成名就的人,他们都有很强的适应性,他们懂得,如果不能改变,那就去适应。因为,只有适者才能生存,只有适者才能发展,只有适者才能成就属于自己的人生。

3. 问世间,谁是强者? ◀

人生就是一场对决,一味地选择防守,并不能赢得胜利,因为胜利只属于勇于进攻的人。

甲与乙各自拜师学艺,甲拜一隐者为师,乙拜一勇者为师,二人决定,十年后再一决高下。

人们给了他们一人一块质量等同的玄铁,以让他们决战使用。

隐者教育甲说:"当忍则忍,得耐且耐,不忍不耐,小事成大。"并传授给了他一个修行的秘诀,叫作:"千磨万击还坚劲,任尔东西南北风。"

甲谨遵师命,凡事忍耐与谦让,处处谨慎与适应。久而久之,甲将玄铁制成了一件铠甲,将全身都包裹起来,果然刀枪不入。

勇者则教育乙说:"卧薪尝胆,破釜沉舟,勇者无惧,攻无不克。"并传授给了他一个进取的秘诀,叫作:"最好的防守,正是主动的进攻。"

久而久之,乙将玄铁制成了长矛,终日里勤加练习,一支长矛使得龙飞凤舞、虎虎生威。

十年之期,转瞬而至——

甲说:"我浑身是铁,刀枪不入。"

乙说:"我一支长矛,划破长空。"

甲如盾,乙如矛。

甲说:"来吧,看看是你的矛尖锐,还是我的铠甲坚实。"

乙一跃而上,朝甲猛刺了几下,发现果然刀枪不入。但是,只要功夫深,铁杵磨成针,乙不再乱戳乱刺,而是单单向着一处地方刺去,这正是甲的要害部位,几下、几十下、几百下……终于,铠甲被刺穿了。

甲不得不服输。

乙说:"真正的强者,不会打造一身铁甲,以求刀枪不入,高枕无忧,而是会打造一支长矛,去划破长空,挑战世界。阻止别人进攻的最高手段,不是一味地防御,而是去进攻,让别人无暇进攻自己。"

甲听了,叹道:"枉我浑身是铁,原以为天衣无缝,可怜只是春蚕作茧自缠身。"

最终,经过人们的一致评判,乙为最终的强者。

有的人说:"如果在三十年前,我用所有的积蓄买某种股票,那么,现在我至少也是一个百万富翁了。"有的人说:"如果在二十年前,我用所有的积蓄买土地,建成房屋租赁,那么,现在我每月至少有上万元的收入。"有的人说:"如果在十年前,我把所有的积蓄投入到某一个行业中,那么,现在我至少也是一个千万富翁了。"但人生就是如此,当你身在其中的时候,可能无所察觉,当你在远处观望的时候,却是追悔莫及。

在一个山村中,有三个青年——甲、乙、丙,他们像大多数的村民一样,常年以种地为生,每个人都有自己的五亩地。

一日,甲、乙、丙三个好朋友聚在一起喝酒并展望未来。期间,甲感慨万千,说:"我们总得干点儿什么,不能一辈子就这样度过。"

乙与丙问道:"我们就是普通的农民,要知识没知识,要能力没能力,即使我们想做什么,又能做什么呢?"

甲说:"我决定将五亩地盖成鸡舍,以养鸡为生。"

乙与丙犹豫了,说:"有这样的想法是好的,但我们真的能挣到钱吗?要知道,几年前就有人尝试过,但一场瘟疫让他赔得血本无归,现在还是跟我们一样,以务农为生了。"

甲不听乙与丙的劝告,着手行动,盖起了鸡舍,养起了鸡。乙与丙依旧种地,顺便观望着甲的一举一动。

几年过后,甲养鸡比种地赚到了更多的钱。别人开始羡慕了,纷纷效仿。甲说:"我这叫笨鸟先飞。"

乙也心动了,他也决定养鸡。此时的他却发现,心动的人不止他一个,养鸡的人已比比皆是,他没有了任何优势。但他却不愿再以务农为生,开始思索自己还可以做什么。

不久后,乙有了新的举动,他变卖了自己的五亩地,换得了一块山地,并引进了山鸡品种,养起了山鸡。因为他是第一个养山鸡的人,他赚到了比养鸡更多的钱。

乙也成功了,受到了更多人的羡慕与效仿。乙说:"我这叫后来居上。"

又是几年过后,这里到处都是养鸡的、养山鸡的、养鸭的、养野鸭的。种地的人已寥寥无几。

丙时常后悔,为什么没有与甲一同起步,为什么没有与乙一同腾飞。但后悔过后,人总得面对现实,于是,他有了新的发现,他也不再种地,开始代理这里的蛋类与肉类,经销到全国各地。在这个过程中,他结识了很多客户,也积累了很多经验。

终于有一天,丙将自己的五亩地建成了食品加工厂,专门加工蛋类与肉类食品,这里所有养鸡养鸭的人都成了他的供应商。

　　无疑,在这一场命运的角逐中,丙成了最大的赢家。丙说:"我这叫大器晚成。"

　　曾经风华正茂,转眼间,已是人到中年。甲、乙、丙三个好朋友又聚到了一起喝酒,回顾往事,甲与乙对丙说:"想不到,起步最慢的人是你,但最成功的人也是你。"

　　丙说:"因为,我没有一再错过我腾飞的季节。"

　　甲问:"你怎么知道你会在这个时候成功呢?"

　　丙说:"你们中,一个最先养鸡,一个最先养山鸡,因为你们都是第一个,所以赚到了比别人更多的钱。但我却错过了,直到有一日,我第一个做了代理销售,第一个建起了工厂,才彻底改变了命运。其实,我不是知道我会在这个时候成功,而是我在这个时候发现了机遇,并且把握住了机遇。"

　　乙问:"对于任何一个人而言,什么是腾飞的季节呢?"

　　丙说:"每当我们发现了腾飞的机遇时,不需要迟疑,只要展开自己的双翼,就会飞上自己梦想中的蓝天。"

　　有的人笨鸟先飞,有的人后来居上,有的人大器晚成,但也有不少人错过了自己腾飞的季节。其实,机遇永远不会偏向谁,成功也不会先对谁示好,只不过是人没有把握住机遇,远离了成功。

　　当然,勇于进攻并不意味着盲目扩张,正如李嘉诚所说:"扩张中不忘谨慎,谨慎中不忘扩张。我求的是在稳健与进取中取得平衡。船要行得快,但面对风浪一定要顶得住。"

4. 眼前固然重要,但绝对不可提前消费未来　◀

人生中有得必有失,但是,得与失并不是等值的。有时候,我们得到的远远不如失去的珍贵。比如,因为贪图一时的安逸,得到眼前的舒适,而失去未来应得的机遇。眼前固然重要,但未来绝对不可提前消费。

老翁将死,膝下二子。

一日,老翁将两个儿子叫了过来,说:"我将不久于人世,没有更多的东西留给你们,现有10亩地,地里种了1000棵树苗,如果变卖土地与树苗,可换得10万元钱,另外,还有价值10万元的黄金一块。"

老翁喘息了几口气,接着说:"你们两个人,一个人可以得到这10亩地,一个人可以得到这一块黄金。"他看了一眼两个孩子,说,"老大,你为长子,你先挑吧。"

老大心下窃喜,脱口而出,说:"我要金子。"于是,他得到了金子,老二得到了土地。

老翁请公证人一一记述,不久后,便离开了人世。

老大拥有了价值10万元的黄金,一时间,兴奋得不知所措,但他并非花天酒地之人,他找了一个地方,把黄金埋在了地下。

老二得到了价值10万元的10亩地,但他并没有变卖,而是苦心经营了起来。

老大时常感到人生惬意,工作也不再那么努力与上进,进而懒散了。因为,他有金子,生活有了保障,未来可以高枕无忧了。

老二则更加勤奋,时而修枝移苗,时而浇水灌溉,终日奔走忙碌在田地间。

十年光阴,转眼就过去……

老大已变得穷苦不堪,无奈之下,他挖出了深埋在地下的那块黄金。此时十万元的黄金已升值为了30万元,为此,他又窃喜了一阵。

老二地里的树苗已长成了大树,变卖之后,获利100万元。并且,老二又用10万元重新购买了树苗,种在了地里。

老大见老二春风得意,抱怨说:"为什么我们现在的境遇如此不同?"

老二则回答道:"当初你只顾眼前的利益选择了金子,而我却选择升值空间大的田地,这一切都是我们自己选择的。"

人生的路上,面临诸多选择。不同的选择导致了我们处在了不同的境遇里,如何选择,是我们一生中必须面临的问题。只是不管如何选择,我们都必须要记住:不能为了眼前的利益,而放弃未来可能会得到的价值。人生之路,要想走得更远,必须要考虑未来,哪怕为此放弃眼前的安逸。

在一个贫困的村庄里,有一个人20岁时便辍学打工,由于没有工作经验,操作机器时不慎被切去了一条胳膊。厂方一次性赔偿了他30万元,作为了断。

三年后,他结了婚。用10万元买了楼房,5万元买了车,手里还剩下5万元。

此时,他的朋友们有的也结了婚,但不少都是借钱买的房子,有人因此而负债,少则几万,多则十几万。

这个人看了看身边的人便感到得意,时常想:"虽然我没有了一条胳膊,但却换得了如此惬意的生活,也算公平。"

每当看到朋友们还在为还债而奔波的时候,他便露出了得意的笑容。每当朋友们羡慕他的房与车的时候,他便有种高高在上的感觉。

他有一个最要好的朋友,还在上学。

他对最好的朋友说:"你看,我自己挣了一座楼、一辆车,而且,我现在给人家看门,一个月还有1000元的收入,你呢?"

朋友无言以对,只是说:"我会努力的。"

他一脸鄙夷,说:"看看我这些年,挣了多少钱,看看你这些年,花了多少钱,你不觉得羞愧吗?想想吧,好好想想吧。"

朋友说:"再等一年,我就拿到软件开发的博士学位了。"

他听了,没有赞扬,反而不屑一顾,说:"那又怎么样?我现在已经衣食无忧了。"

朋友默然无语。

可是,五年后——

他还是一月1000元的工资,还在为那家公司看门。

他的朋友已成为了那家公司的研发部经理,月薪5万元,不仅还清了所有的债务,还有车有房,生活如意,事业有成。

曾经是衣食无忧的他,此刻已落魄;他常常看着自己残缺的手臂,叹息道:"生活艰难,前程渺茫,要知识没知识,要能力没能力,要关系没关系,因为没有一条胳膊,即使做一个普通工人也做不了。"

他开始自卑,开始羡慕起了朋友,时常借酒消愁。

他的朋友看到了他的现状,叹道:"人一生中最大的失败,就是他提前消费了自己的未来。"

5.最大的不幸,是只会叹息自己的不幸 ◀

不论你是什么人,不论你做着什么,对你而言,机会总是有的。在贫穷中,你有让自己获得富有的机会。在失败中,你有让自己获得成功的机会。在渺小中,你有让自己变得强大的机会。跌倒并不等于失败,最大的失败是跌倒后再也爬不起来。不幸并不等于可怜,最大的不幸是只会叹息自己的不幸,而没有改变的思想与力量。

这是一个贫苦的地方,人们称这里为贫民窟。

贫民窟中,人们世世代代都贫穷、酸苦。

在离贫民窟不远的地方,有富人的灯火,有富人的大厦,有富人取之不尽用之不完的财富。

贫民窟中的人每每想到这些,便羡慕地说:"如果我们能有这样的生活,那该有多好啊。"羡慕过后,他们又沮丧地说:"可惜,这对我们来说,只能是一个梦。"沮丧过后,他们埋怨地说:"为什么,我们一出生就贫穷?"埋怨过后,是认命,他们又坦然地说:"既然如此,那就适应吧,眼下唯一的选择就是适应。"

但适应归适应,贫民窟中的人还是时常抱怨,时常叹息,时常无奈。

这时,有一个女孩却说:"我相信,我一定能改变这种境况。"

周围的人听到女孩的话语,叹道:"就你这弱不禁风的样子,要知识没知识,要能力没能力,又何以走出贫民窟呢?"

这个女孩终日里冥思苦想,终于,她想出了一个好办法,说:"我可以嫁给一个富人,那样,我就富有了。"

但,富人根本瞧不起贫民窟中的人。女孩泄气了,不久后,她嫁给了贫民窟中一个老实本分的青年。次年,她生了儿子,成了母亲。

儿子长大后问:"为什么我们如此贫穷?"

母亲说:"记住,一开始就贫穷,这不是你的错,但到最后你还改变不了贫穷的命运,就是你的错。人生中最大的不幸,并不是身在不幸之中,而是只会叹息自己的不幸,不去改变。"

儿子在懵懵懂懂中似乎明白了些什么。

日后,母亲不断给儿子灌输这么一种思想:世界上有三种人,第一种人生来什么都有,第二种人生来一无所有但最终得到自己想要的一切,第三种人生来一无所有最终也一无所获。或许,你成不了第一种人,但是,通过后天的努力,你完全可以成为第二种人。

儿子记下了母亲的话,变得自信,不再抱怨什么,他唯一拥有的信念就是:自己一定会改变命运,成就不一样的人生。

在这一信念的支持下，他终于成功了。

他，一个穷人的儿子，成了一个亿万富翁。

太多的人会一生碌碌无为，都是因为他们让今天成了过去失败的延续，而那些最终成功的人，他们会抛弃失败的过去，把今天作为明天成功的开始。

有两个朋友——甲与乙，他们少年时，逃课、上网，从不认真学习，等到高考的时候，二人的成绩均不理想，与名牌大学无缘，最终进入了一所普通的大学。

甲依然像以往一样，上网、睡觉、游戏人生——总之，他依旧散漫、堕落。

乙却厌弃了这样的生活，他问甲："难道我们就只能这样下去吗？难道我们就没有其他的选择了吗？"

甲说："看看我们周围的同学，他们不都是这样吗？这就是我们人生的现状，不这样下去，又能怎样呢？"

乙说："但我一定要改变，我要崛起。"

甲听了，嗤之以鼻，说："要知道，即使你成了本校的第一名，在名牌大学中，你的成绩依然是倒数。放弃吧，人要认命，我们已经没有什么前途了。"

但乙心意已决，他开始认真学习，用更多的时间沉浸于书海之中。他相信：习惯都是养成的，坏习惯如此，好习惯更是如此；只有养成了好习惯，人们才能得到美好的人生。

转眼间，三年过去了。甲与乙毕业了，又进了同一家公司。

甲对乙说："看一看吧，名牌大学的学生就是和我们不一样，他们一毕业就拥有比我们更好的工作，得到更多的青睐。"

为此，甲常在人前人后感慨："如果在学校时好好学习，天天向上，到现在我也不会沦落到这种地步了。"

乙却说："亡羊补牢，未为晚也。如果我们从现在开始勤学与奋斗，那么，明天我们也一定会拥有成功的人生。"

甲说："晚了。"

乙说："不晚。"

他们按照各自的认知工作着。五年后，甲依旧是一名普通的员工，而乙却成了公司的经理。

甲看到乙的成就，非常疑惑，问乙怎么做到的。

乙说："过去不等于未来，不要被过去束缚，要看到你的将来。"

甲听了，看看过去，再望望未来，怅然叹道："悔之晚矣！"

有太多的人因为过去的失败而放弃了未来的成功，有太多的人因为过去的无为而否定了未来的辉煌。我们应该牢记，永远不要被过去束缚，明天又是一个新的开始。

6. 可以不成功，但不能不成长 ◀

歌德曾说过："每个人都想成功，但没想到成长。"在生活中，很多人都是如此，他们过于看重成功的荣耀，却忽略了成长的力量。事实上，很多东西都在变化之中，连引导和评判成功的主流价值观都会让人无所适从、难以把握。但是成长却牢牢地握在自己手中，那是我们对自己的承诺。可能有人会阻碍我们成功，却没有人能阻止我们成长。换句话说：很多时候我们可以不成功，却不能不成长，因为成长永远比成功重要。

人的一生，从少年到青年，从青年到中年，而后步入老年，在每一段人生历程中，人都可能努力了、拼搏了，却未能获得成功，这是一个不争的事实。因此，压力、烦恼、灰心、不满甚至绝望在很多人身上流露出来，一句流行语"痛并快乐着"道出了众人的无奈。很多人会感到无奈和痛苦，都是因为过于看重成功，所以他们总是在生活中不断产生挫败感。其实人应该学会"纵比"，让自己每一天都有所成长,都比过去进步:这样就很好了!

成功不是衡量人生价值的最高标准,比成功更重要的是:一个人要有丰富的内涵,有自己的爱好和追求。只要你有自己真正喜欢做的事,你就在任何情况下都会感到充实和踏实。那些仅仅追求外在成功的人实际上常没有自己真正喜欢做的事,他们真正喜欢的只是名利,一旦在名利场上受挫,内在的空虚就暴露无遗。把自己真正喜欢做的事做好,尽量做得完美,让自己满意,这才是成功的真谛;而如此感受到的喜悦,才是不掺杂功利心的纯粹的喜悦。

有一位杂技大师,他的拿手绝活是走钢丝。在一生中他表演了无数次都没有失误过,但是却在最后一次表演的时候,不幸从高空摔落丧命。事后他的妻子在接受采访时说:"我就非常担心他这次会出事。他以前表演都是关注自己走好每一步,而不去想结果怎么样,每次都很成功。可这次是他最后一次演出,他太看重了,临上场时反复说'只能成功,不许失败'。他太关注结果,最后把性命丢掉了。"

在生活中,凡事只要尽力就好,何必一定要事事成功呢? 重要的是享受成长的过程。每一个过程都是自我提高、吸取经验教训的机会。从这一点来说,成长比成功更重要。这就好像观看戏剧,如果你直接越过剧情只看结局,会"得不偿失",因为少了跌宕起伏的情节,戏剧就变得索然寡味;解方程式,如果你直接跳过步骤写出答案,便会失去只可意会而无法言传的推理演算的快乐。实事求是地说,从始至终,人们因为太看重"终",反而忽视了过程。其实,一切结果都是由过程推演过来的,结果本身并不是那么重要。凡经历过"过程"的人,都永远难忘享受"过程"的快乐。他们对结果并不过分关注,因为结果也意味着结束和"谢幕"。没有"过程"可以享受,无疑是人生的另一种缺憾。

其实生活中成功的机会经常是可遇而不可求的,但是人人都想成功,因此可以说成功是一种博弈的游戏,是一种稀缺品。但是,成长的机会无限,只要你愿意,每天都可以让自己成长。虽然这种成长未必会给你带来更多的财富或显赫的权势,但它会让你轻松漫步人生旅途,以平和淡定的心态面对种种挑战,展现自身的最佳状态。这是另一种成功,也许是更高层次上的成功。

7.须明白,靠自己最好 ◀

一个人活在世上,既不能像春天的蚯蚓、秋天的蛇一样软骨头;也不能像风雨中的落花柳絮,找不到根基,而是要自立自强。

自立自强是打开成功之门的钥匙,也是成长力量的源泉。力量是每一个志存高远者的目标,而模仿和依靠他人只会导致懦弱与屈服。力量是自发的,不依赖他人。坐在健身房里让别人替我们练习,是无法增强自己的肌肉力量的。没有什么比依靠他人的习惯更能破坏独立自主的能力了。如果你依靠他人,你将永远坚强不起来,也不会有独创力。做人,要么独立自主,要么埋葬雄心壮志,一辈子老老实实做个普通人。

小仲马自幼喜爱写作,但是在最开始阶段,他的稿子总是被编辑无情地退回。他的父亲大仲马得知后,便好心地对小仲马说:"如果你能在寄稿时,随稿给编辑们附上一封短信,说'我是大仲马的儿子',或许情况就会好多了。"小仲马说:"不,我不想坐在你肩头上摘苹果,那样摘来的苹果没有味道。"

年轻的小仲马拒绝以父亲的盛名作自己事业的敲门砖,不露声色地给自己取了十几个其他姓氏的笔名,以避免那些编辑们把他和大名鼎鼎的大仲马联系起来。

面对一张张退稿笺,小仲马没有沮丧,仍在默默无闻地坚持创作自己的作品。他的长篇小说《茶花女》寄出后,终于以其绝妙的构思和精彩的文笔震撼了一位资深编辑。这位知名编辑曾和大仲马有着多年的书信来往,他看到寄稿人的地址同大仲马的丝毫不差,怀疑是大仲马另取的笔名,但作品的风格却和大仲马的迥然不同。带着这种兴奋和疑问,他乘车造访了大仲马。

令他吃惊的是,《茶花女》这部伟大作品的作者竟是大仲马名不见经传的儿子小仲马。"您为何不在稿子上署上您的真实姓名呢?"老编辑疑惑地问小仲马。小仲马说:"我只想拥有真实的高度。"老编辑因此对小仲马的独立自强赞叹不已。

《茶花女》出版后,法国文坛书评家一致认为这部作品的价值大大超越了大仲马的代表作《基督山伯爵》。小仲马一时声名鹊起。

倘若小仲马一开始就依赖父亲,或许不会取得如此大的成就。一个人适当依靠父母亲,乃是成长的必需,但如果事事依赖,时时依赖,丧失了进取的积极性,过着"衣来伸手,饭来张口"的生活,这就成为严重的缺点了。

有这样一个青年,一个人出来闯世界,在别人眼中似乎是很独立、很有主见的人,可实际上,他这次出门是别人叫他一起出来。出来之后,当然得找工作,可他根本不会自己找,总希望由别人带着找。可是别人也有自己的事,不可能一直带着他;一旦没有人管他,他就不知所措,一筹莫展。

后来他总算找到了工作,是给一个摆服装摊的老板做跟班。带他出来的人很奇怪,怎么做起了人家的跟班,不是有很多合适的工作可以挑选吗?他说,什么工作都得他动脑筋主动去做,他最怕这个。他宁愿做人家的跟班,人家叫他做什么,他就做什么。

试想,要是那个摆服装摊的老板不要他了呢?要是不要他的话,他肯定会找到另一个可以追随的人。今天他是服装摊老板的随从,明天他可能是某个经理的秘书。有着这样的依赖心理,他怎么能够独立成事,怎么能够成为一个事业成功的人呢?说到底,他出来闯荡世界又有什么意义呢?他以为人家成功了,他这个跟在后面的人也会跟着成功。其实,他想错了。

这个青年就这样带着依赖心理闯荡。结果可想而知,他没有混出什么名堂来。

有依赖心理的人,遇事首先想到别人、追随别人、求助于别人,人云亦云、亦步亦趋,不敢相信自己,也不能自己决断。在家中依赖父母,在外面依赖同事、上司;不敢自己创造,不敢表现自己,害怕独立。他的人格不成熟、不健全,仍然停留在孩童水平。

有依赖心理的人,很难独立地做成事情,当然也就谈不上操纵和把握自己的命运,他的命运只能被别人操纵。只有在他具有利用价值时,人家才会利用他。如果他的利用价值消失了,或者已经被利用过了,人家就会把他抛开,让他靠边站。只因为有依赖心的人太软弱无能,只因为有依赖心的人心里只会相信别人,他不敢相信自己,更不会自信能胜于他人。

《周易》记载:"天行健,君子以自强不息;地势坤,君子以厚德载物。"自强是什么?是奋发向上、锐意进取,是对美好未来的无限憧憬和不懈追求。自强者的精神之所以可贵,就是因为他依靠的是自己的顽强拼搏而非其他人的荫庇提携;就是因为他要甩开别人的搀扶,自己的路自己去走!

靠别人安身立命是没有出息的。常言道:"庭院里练不出千里马,花盆里长不出万年松。"安逸的生活谁都向往,但困难却是人生中不可避免的。人们常说,有苦才有乐。经过自己的努力得来的一切,虽然其中可能饱含辛酸,但是奋斗过程中所获得的对人生的感悟,以及奋斗之后哪怕一点点的收获,都会让我们拥有极大的成就感。

俗话说:"天上下雨地上滑,自己跌倒自己爬。"锻炼意志和力量,需要的是像小仲马那样的自主自立精神,而不是依赖他人或来自他人的影响力。

漫漫人生路要靠自己去走,有一首《自立立人歌》说得好:"滴自己的汗,吃自己的饭,自己的事自己干。靠人、靠天、靠祖上,不算是好汉。"要做一个好汉,要靠自己的双腿走出人生之路,要靠自己的双手创造出美好的新生活,切不可靠他人来为自己谋福利;须明白,靠自己最好!

第二章

你很重要,努力去做重要的事吧

一个婴儿,在父母眼里,他是宝贝。一个老人,在儿女面前他是长辈。一个社会精英,为社会创造财富,推动社会的发展。一个家庭主妇,能照顾好子女和丈夫……每个人都是别人的亲人朋友,每个人都会被别人当作最重要的人。

每个人都必须知道,自己很重要。如果每个人都觉得自己很重要,那么他(她)就会很努力去做重要的事。

1. 没有人比你更了解你自己　◀

　　在古希腊帕尔索山上的一块石碑上，刻着这样一句箴言："你要认识你自己。"卢梭曾经这样评价此碑铭："比伦理学家们的一切巨著都更为重要，更为深奥。"显然，认识自己是至关重要的。

　　在生活当中，我们会发现：一个人如何看待自己与其自信心的强弱有关，自信心强的人能较客观地看待自己的潜力，而自卑的人则会对自己有所贬低。多数情况下，一个人如果觉得自己是个乐观向上的人，就会表现得乐观向上；如果觉得自己是个内向而迟钝的人，那很可能就会表现得内向、迟钝。

　　只要看清自己，那么一切都可以改变。认识自己、看清自己的优缺点，无论是对取得事业上的还是生活中的成功都会起到至关重要的作用。

　　意大利著名影星索菲亚·罗兰在半个世纪以来出演了许多部影片，她用自己动人的风采、卓越的演技给人们留下了深刻的印象。她的美不是静止的，不是平面的，以一种最最浓烈的方式留给了电影。在1961年，她获得了奥斯卡最佳女演员奖。很多导演都由衷地说："与索菲亚·罗兰的美丽相比，奥斯卡简直不值一提。"

　　然而，她的从影之路并不是一帆风顺的。

　　16岁时她一个人来到了罗马，却因为长相不能成为一名演员。刚到罗马时，她听到的都是自己个子太高、臀部太宽、鼻子太长、嘴巴太大等非议，把她说得没有一点能成为演员的可能。

　　不过很幸运的是一位制片商看中了她。但是看中了她并不代表她的事业一帆风顺，索菲亚·罗兰去试了许多次镜，摄影师都抱怨无法把她拍得更美艳动人。制片商听到了摄影师的抱怨，于是找到了索菲亚·罗兰并对她说："索菲亚,如果你真想干这一行,我建议你把你的鼻子和臀部'动一动',做一次整容手术,那样就会更好些。"如果对于没有主见的人来说,这是一次千载难逢的机会,她一定会按照制片商的说法去做。

但是索菲亚·罗兰是个有主见、不愿意随波逐流的人,她断然拒绝了制片商的要求。在她的心里,始终坚持着这样的一个原则:要靠自己内在的气质和精湛的演技来征服观众。于是她找到了制片商,理直气壮地说:"对不起,我不能这样做,我就是我自己,只有做好了自己,我才能向别人学习,这是我的原则。虽然我的鼻子太长,但它是我脸庞的中心,它赋予了我脸庞的独特个性,我很喜欢它。至于别人怎么说,我无法改变,因为嘴是长在他们的脸上。我只要坚持我的原则就够了。"

虽然很多议论对索菲亚·罗兰很不利,但她没有因为别人的议论而停下自己奋斗的脚步,反而越挫越勇。从17岁正式进入电影界,她拍了多部影片。索菲亚·罗兰炉火纯青的演技得到了观众的认可,观众们也很喜欢她的善良和纯情,她也得以在事业上不断取得成绩。

她刚出道时遭到的那些诸如鼻子长、嘴巴大、臀部宽等议论都不见了,她得到了更多的好评,以前的缺点成为当时评选美女的标准。20世纪末,索菲亚·罗兰已经60多岁了,但是,她仍然被评选为当时"最美丽的女性"之一。

当后来有人问起索菲亚·罗兰她为什么能成功时,她是这样回答的:"我谁也不模仿。我不去奴隶似的跟着时尚走。我只要做我自己。当你把自己独特的一面展示给别人的时候,魅力也就随之而来了。"

有位名人曾经说过:"当你清楚认识自己后,如果能扬长避短,认准目标,抓紧时间把一件工作或一门学问刻苦认真地做下去,久而久之,自然会结出丰硕的果实。"

但是要想真正认识自己非常难,有些人活了一辈子,看别人很准,却始终难以看清自我。要想成功,首先就要认清自己,无论别人怎么评价你都不重要,因为没有人比你更了解自己。

很多人失败了，因为他们没有认清自己，没有发现自身的优势和劣势。如果能清楚地知道自己的优缺点，发挥长处，避开短处，就更容易取得成功了。

美国跳水运动员洛加尼斯刚上学的时候很害羞，在讲话和阅读上遇到了困难，为此他受到同伴的嘲笑和捉弄。这令洛加尼斯非常沮丧和懊恼，但他发现自己非常喜欢并且精通舞蹈、杂技、体操和跳水。他知道自己的天赋在运动方面而不是学习。当认清这些之后，他开始专注于舞蹈、杂技、体操和跳水方面的锻炼，以期脱颖而出，赢得同学们的尊重。由于他的天赋和努力，他开始在各种体育比赛中崭露头角。

在上中学时，洛加尼斯发现自己有些力不从心了，因为无论是舞蹈、杂技、体操、跳水，都需要辛勤的付出，他不可能有时间和精力去做这么多事。他知道自己必须要有所舍弃了，只能专注于一个目标。但他不知要舍弃什么，选择什么。这时，他幸运地遇到了他的恩师乔恩——一位前奥运会跳水冠军。经过对洛加尼斯的观察和询问后，乔恩得出结论"洛加尼斯在跳水方面更有天赋"。洛加尼斯在经过与老师的详细交谈后，认为自己的确更喜欢跳水，他认识到以前之所以喜欢舞蹈、杂技、体操，是因为这些可以使他跳水更得心应手，可以为跳水带来更多的花样和技巧。他恍然大悟，于是专心投入到跳水中去。

经过专业训练和长期不懈的努力，洛加尼斯终于在跳水方面取得了骄人的成绩。由于对运动事业的杰出贡献，洛加尼斯在1988年获得年度运动员奖（Athlete of the Year），达到了一个运动员荣誉的顶峰。

我们每个人都有着属于自己的使命，当我们清楚地认识到自己的使命时，我们才能生活得快乐、幸福。有人适合做将军，有人适合当士兵。如果适合做士兵的人以做将军为目标，那么想做将军的想法只会使他一生痛苦不堪，受尽挫折。所以，首先认清自己才是关键。

认识自己是一件很难的事，但同时也是一件很幸福的事，因为它会给你的人生带来很多收获。认识自己，并非只是那些天才才能拥有的能力，我们周围有许多平凡的任务,他们同样也可以很好地认识自我做自己喜欢的事,活得自在,活得快乐,这也是一种成功。一个人在某个方面不行,并不代表他在其他方面也不行。所以,只有充分认识了自己,做到"没有人比你更了解你自己",最终才知道你到底行不行。

2.无须讨好世界,但求我心欢喜

生活中,虚心地接受别人的意见有助于自己更快地成长,可是过分地依赖别人的意见会使我们丧失主见。意大利作家但丁说过这样一句话:"走自己的路,让别人去说吧。"很多人明白这个道理,但是能够做到这一点的人少之又少。我们总是太过在意别人的眼光,如果有人说我们的衣服难看,我们第二天就绝不会再穿;当别人说你的声音不够甜美,那么你就会很少说话。做完一件事,我们总是依靠别人的评价给自己打分,别人的看法会被我们牢牢记在脑海之中,好的评价会让我们心情愉悦,而那些不好的则给我们的生活带来无尽困扰。

在当今社会,我们不可能独立地生存于这个社会中。可是我们不能因为这些,就让别人的议论成了生活的风向标。总是记得别人的议论,这是没有主见、没有自信的表现。它不但会影响我们的生活、学习,长此以往,还会让我们的心态更加消极;甚至于,我们不敢自己寻找未来,而是从别人的眼中寻找未来。

费曼是美国的科学奇才,他的妻子性格开朗,总是善于从一些小事中寻找生活的乐趣,所以,他们的婚姻生活很幸福,一直是身边朋友羡慕的对象。

有一次,费曼的妻子给身在普林斯顿的他寄来一盒铅笔,每支笔上面还刻一行金色的字表达了心中的爱意:"查理亲亲!我爱你。"

费曼觉得这礼物是很好，但是如果跟教授朋友讨论问题，忘在别人桌子上，别人会怎么想呢？他不好意思用这些笔，所以刮掉一支铅笔上的字来用。

第二天上午，费曼又收到一封妻子寄来的信，一开头就写道："想把铅笔上的字刮掉吗？这算什么？你难道不以拥有我的爱为荣吗？"结尾用特大号字体写着："你管别人怎么想呢。"看到这段话，费曼非常震惊。"是啊，我为什么要管别人怎么想？生活是自己的，人生也是自己的，干吗活在别人的议论中啊。"他对自己说。

受到妻子的启发，他决定写一本讲述自己一生经历，而且就以"你管别人怎么想"为书名。在这本书中，他记述了和妻子的感情、生活轶事和他自己在科学上的重大突破。

人生短暂，需要我们把握的东西有很多，如果你总是不停地按着别人的要求来做自己，很显然，这样的人生是没有意义的。我们要知道，在人生道路上，我们只是别人眼中的一道风景，转过身，就会很快地被人忘记。当你付出太多的努力来达到别人眼中的完美，别人也许已经丧失了关注你的兴趣。所以，不要过多地纠缠于别人的评价中，要学会做自己的主人。

美国著名女演员索尼亚·斯米茨的童年是在加拿大渥太华郊外的一个奶牛场里度过的。

当时她在农场附近的一所小学里读书。有一天她回家后很委屈地哭了，父亲问其原因。她断断续续地说："班里一个女生说我长得很丑，还说我跑步的姿势难看。"父亲听后，微笑着说："我能摸得着咱家天花板。"正在哭泣的索尼亚听后觉得很奇怪，不知父亲想说什么，就反问："你说什么？"

父亲又重复了一遍："我能摸得着咱家的天花板。"

索尼亚忘记了哭泣，仰头看看天花板。将近4米高的天花板，父亲能摸得到她怎么也不相信。父亲笑笑，得意地说："不信吧，那你也别信那女孩的话，因为有些人说的并不是事实！"

▲

索尼亚这才明白了,不能太在意别人说什么,要自己拿主意!

她在二十四五岁的时候,已是个颇有名气的演员了。有一次,她要去参加一个集会,但经纪人告诉她,因为天气不好,只有很少人参加这次集会,会场的气氛有些冷淡。经纪人的意思是,索尼亚刚出名,应该把时间花在一些大型的活动上,以增加自身的名气。索尼亚坚持要参加这个集会,因为她在报刊上承诺过要去参加,"我一定要兑现诺言"。结果,那次在雨中的集会,因为有了索尼亚的参加,广场上的人越来越多,她的名气和人气因此骤升。

后来,她又自己做主,离开加拿大去美国演戏,从而闻名全球。

自己拿主意,当然并不是一意孤行,孤芳自赏,而是忠于自己,相信自己,不轻易被别人的思想所左右。但是生活中,人们难免有一种从众心理,常常因为顾及面子而依附于他人的思想和认知,从而失去独立的判断,处处受制于人。这真是一种莫大的悲哀,作为一个人,我们要有自己的主见,不可盲目地追随别人。

当我们太过在意别人的评价时,有时候会在别人的逢迎或夸奖中迷失自己,更容易在别人的议论中"丢盔弃甲",很难去坚持自己的想法和判断。同时,太在意别人的评价会让我们患得患失,害怕一切可能会产生的不好的后果。结果,自己承受的压力越来越大。每天面对着千目所视、万手所指的压力,你总会害怕别人都在注意自己的缺点或疏漏。这可怕的想法会使你退缩,失去积极主动的活力。

玛丽曾经每天陷于苦恼之中。她的个子不高,体重却是正常姑娘的两倍。

身高的缺陷再加上并不漂亮的容貌让玛丽感到很难过。有一次她去美容院,美容师肯定地告诉她,不可能把她的脸变成杰作。听到这句话,玛丽恨不得钻到地缝里去。慢慢地,她不敢去公众场合,害怕别人注意到自己,害怕别人对自己指指点点。

有一天,她一个人在广场上散步,这时她看到了一个矮小而肥胖的老妇人。这个老妇人的脸上擦满了厚厚的脂粉,嘴唇上还涂着鲜红的唇膏,一身名牌的穿戴让她看上去十分高贵。

由于这个老妇人很胖,她手里的手杖支撑了很大的分量。突然,手杖的尖头深深地戳进了地里。当她用力地往外拔时,因为用力过猛,身体一下失去了重心,她重重地跌倒在了地上。

一下子,这个老妇人被摔得站不起来了。玛丽心想,她的心情肯定沮丧到了极点,在大庭广众之下摔倒毕竟不是一件优雅的事情。

因为自己也出过这种洋相,玛丽非常同情这个老妇人。然而,这个老妇人却做出令她意想不到的事情,她坚强地站了起来,然后对玛丽笑了笑:"瞧我不小心摔了个大跟头。"说完,还冲玛丽做了一个鬼脸。看着她离去的背影,玛丽突然意识到:没有人真正注意到你的所作所为,是你自己心里的"鬼"在作祟。

经历过这件事后,玛丽开始逐渐调整自己的心态,她决定不再考虑别人对自己的看法,也不会再因为别人的嘲笑而闷闷不乐。这时她才领悟到:只有学会释然,学会不计较别人的看法,自己才能活得快乐,赢得别人的尊重。

对于别人的评论,我们应当学会释然。太多的时候,我们只是给自己不断地施压。许多东西是无法改变的,我们只有坦然接受。无论是在哪种场合,无论我们是否美若天仙,我们都不必活在矫情中,活在别人的世界,处处担心别人怎么想自己,怎么看自己。当你懂得了这种释然,你就会体会到什么才是真实的、无忧无虑的生活。

只有为自己而活,我们的人生才能精彩。每个人都应该坚持走自己开辟的道路,不轻易受他人的观点所牵制。活着是为了充实自己,而不是为了迎合他人的想法。

如果不付诸行动,我们很难验证一个想法正确与否。因此,与其一味地把精力花在给别人献媚上,无时无刻不去顺从别人,还不如把精力放在提升自己上。改变别人的看法总是很难,改变自己却很容易。我们可以参考别人的模式,但是中间的精髓一定要是自己的。

3. 你不知道,你有多么优秀吧?　　◀

大多数的成功者都是善于运用自己优势的人。他们不但珍视自己的优势,而且懂得不断地发现和挖掘自己的所有优势,发挥出这些优势的最大效应。

曾经有位52岁的先生向著名的演说家诺曼·文森特·皮尔咨询。他的意志极为消沉,表现出极端的绝望。他说他"全完了"。他告诉诺曼·文森特·皮尔,他费尽心血建立的一切全都化为了泡影。

诺曼·文森特·皮尔看到他充满绝望的眼神非常同情,决心帮助他重新鼓起生命的信心和勇气。诺曼·文森特·皮尔对他说:"那么,我们拿一张纸,写下你剩余的财产还有什么?"

"没有了,"那个灰心的先生叹了口气说:"我什么都没有剩下。"

诺曼·文森特·皮尔坚持还是写一写,于是问他:"你太太还跟你在一起吗?"

"她当然还跟我在一起,而且我们感情还很好。我们结婚30年了,不管事情有多糟,她都不会离开我。"那人回答。

诺曼·文森特·皮尔又接着问:"很好,我把这个记下来——太太还跟你在一起,而且不管发生什么事,她都不会离开你。那么你的儿女呢?你有小孩吗?"

"有啊!"他答道,"我有三个子女,也都很棒。他们会走到我面前说:'爸爸,我们爱你,我们会一直和你站在一起。'我每次都被感动得不行。"

"那么,"诺曼·文森特·皮尔说,"这就是第二项了——三个爱你、愿意站在你身旁的子女。你有朋友吗?"

"有,"他说,"我真的有几个很不错的朋友。我必须承认他们和我的关系一直都不错。他们会来看我，然后说他们想要帮我，但是他们能够帮什么呢？他们什么都帮不了。"

"那就有第三项了——你有一些愿意帮你而且尊重你的朋友。那么，你是否正直诚实呢？你有没有做什么错事？"

"我很正直诚实，"他回答，"我一直坚持走正道。"

"很好。"诺曼·文森特·皮尔说，"我们把这个列入第四项——正直诚实。那么你的健康呢？"

"我的健康状况不错，"他回答说，"我很少生病，我想我的身体状况应该不错。"

"现在我们又可以记下第五项了——身体状况不错。"诺曼·文森特·皮尔说，"现在，我们把列出的资产看一遍：

一个好太太——结婚30年；

三个忠实的子女，愿意站在你的身边；

愿意帮助你并尊重你的朋友；

正直诚实——没什么值得羞耻的地方；

身体状况不错。"

诺曼·文森特·皮尔把这张写好"生命资产"的纸递给他，说："看看这个，我想你有不少资产哩。你并不是你自己所想象的那样一无所有呀。"

这个灰心丧气的人看到纸上列举的资产，感到自己真的并不像想象的那么糟糕。"我想我当时大概没想到这些东西吧！我没有想到从这个角度来看事情。或许事情还不算太糟，或许我可以重新来过。"他果然放弃了失望和颓废，计划东山再起了。

生活的打击、问题的复杂会使你的能量枯竭，使你觉得沮丧，筋疲力尽。在这样的情况下，你的力量是晦暗不明的。人们往往沉浸于这种从未经历过的沮丧之中。这时候，你必须能够再次评价你生命的资产。只要你有合理的态度，这个评价会让你知道你并不像自己想的那么失败。

▲

娜达莎是一位优秀的化妆品销售员,但她却是从44岁起才开始对自己有了信心,并真切地感受到自己的价值。

娜达莎24岁时结婚,一直在家里做了20年的家庭主妇。当她的孩子出去念大学时,她已经44岁了。由于她的丈夫经常出差和工作,她很快就觉得生活十分无聊,有时甚至觉得很沮丧。于是,娜达莎决定找份工作。然而她所学到的工作技巧,仅仅是换尿布、洗衣服、喂小孩、照顾小孩和接送他们上下学,因此在她开始找工作的第一个月里,她甚至连一个面试的机会也没有。

然而,有一天中午,在经过了两次失望的面谈后,她到一家餐厅用午餐。穿过大厅门廊时,她注意到一张招牌上写着:"如何从化妆品中致富,免费研讨会,下午3点在紫阳大厅举行。"这时已接近3点了,于是娜达莎想:何不去看看呢?反正也没有什么损失。

在接下来的一个小时的研讨会上,娜达莎终于发现了自己的优势。由于常年在家使用各种化妆品进行皮肤护养,娜达莎对化妆品非常熟悉。她对自己很有信心,深信自己可以将这些化妆品销售给她认识的每一个客户。果然,娜达莎凭着对化妆品的了解和工作的热情,在公司里工作得十分出色。没多久,她开始带其他的朋友加入到这个行列,也在公司里得到了晋升。

娜达莎说:"我喜欢这个行业。虽然世界上没有比家庭主妇更重要的工作了,但做了20年的家庭主妇后,我开始想,难道我所能做的只有这些事吗?我从没有试着去做其他的事。但现在我已经证明了自己可以做其他的事,为此我的自尊心也大大地增强了。我喜欢现在的自己,并且对于能帮助其他妇女让她们也察觉到自己潜在的能力感到兴奋不已。"

人都有缺点,也许有很多还很严重,但同时也有许多优点。人生的最大价值是由你最突出的优点来决定的。而不是由缺点来决定,这方面最明显的例子是:影视、体育明星。一个人如果总盯着自身的缺点、劣势的话,就像你永远站在阴影下一样,你只会心理负担越来越重,直至精神崩溃。

每个人都有一笔丰富的资产，如果你不善于去发现它、运用它，它就只能永远沉睡在被人遗忘的角落。把你的优势列成一张清单，会让你感到自己并非一无所有，会让你看到自己的生活中还有无穷的、可以支持你的力量。只要你把自己所有的优势都清点起来，你会发现，你还有很多可以运用的资本。

4. 一辈子，能真正干好一件事就不错了 ◀

有一个很上进的年轻人，总对自己的生活感到不满，时常觉得很烦躁，很困惑，朋友问他为什么，他便说：

"我是个很有理想并且愿意为此努力的人，从小我就有很多人生目标，自从我大学毕业以后，我就开始经营我的理想和事业，可到现在我付出了许多，学到了很多，却一事无成。比如，我一毕业马上去学会计，我觉得那更实用；后来我发现心理学在今后一定有很大的发展空间，我马上又去学心理学；在这同时，我想踏实干好现在的工作以证明自己，但因压力觉得不安稳便又去进修与我工作相关的计算机编程，我想我很快就会成为一名高手。诸多的课程让我很疲惫，但是我想到未来一定会有用，又不忍心放弃我正在学的东西，可事实上到现在为止，我所学的课程进度都很慢，所以我很烦恼，为什么我这么努力却收不到成效呢？"

目标太多，却没有分身之术，举棋不定，不知应该放弃还是坚持。不知道你是否有过诸如此类的困惑。

普林斯顿大学给这些困惑的人做过这样的比喻："这种选择就像在过一个陌生的十字路口，只要你选准一条路径直往前走，每一条路都可以通往目的地。可如果总是怀疑自己的方向不对，一次又一次地退回来选其他的路，那么不管你以什么样的速度走都总在原点附近徘徊,永远走不到你的目的地。你付出的越多你就越会觉得疲劳和辛苦。"

约翰从一家广告公司的小职员,做到副总,正是得益于这个道理。

刚到那家公司上班时,约翰很勤奋,很快就掌握了工作的窍门,做起事来得心应手,每天大约只用一半的时间就能完成老板交代的工作。空闲的时间一多起来,他便想起自己学生时代曾写了一半的长篇小说——一直以来,当个小说家也是他的梦想之一,于是在空闲的时间里他便继续了他的文学创作。

直到有一天,老板发现了他的秘密,约翰很不安,但老板并没有因此批评他,而是与他进行了一次开诚布公的交谈。

老板很温和地问他:"我看过你的小说,写得还不错呀!但是,我希望你能和我说说,对人生,你有什么样的规划?"

这个问题早在五年前他就想得很明白。所以他信手拈来,告诉了老板他的很多梦想,比如,当一名作家、一名设计师、一名企业的高级管理者、一名出色的服装设计师……

老板很认真地听他说完,并没有对此作任何评价。只是问约翰是否听过这样一个故事:

"在森林里,三条猎狗追赶一只土拨鼠。情急之下,土拨鼠钻进了一个树洞里。这个树洞只有一个出口。三只猎狗就死守在树下。过了一会儿,一只兔子钻出树洞,飞快地跑,跑着跑着就爬到一棵大树上。兔子很得意,在树上嘲笑下面的三只猎狗,结果它得意忘形,一不小心从树上掉了下来,砸晕了正仰头看它的三条猎狗。兔子趁机逃掉了。嗯,想一想,这个故事有什么问题吗?"

约翰觉得很有趣,认真地想过后:"第一,兔子不会爬树;第二,一只兔子不可能同时砸晕三条猎狗。"

老板笑着说:"分析得不错,可是,最重要的问题——土拨鼠哪儿去了?"

约翰恍然大悟:"是呀!怎么把它给忘记了?"

老板笑着说:"这只土拨鼠就好像是你最初为自己设定的人生目标。显然,这个目标被你忽视了,想必你已经忘记了?当初刚进公司的时候,你曾信心百倍地说过一句话——'我要做一个出色的广告人',正是这句话打动了我,我才让你到我的公司里来的,你不会不记得了吧?"

约翰这才明白老板的用意。这时老板又补充说:"我相信你是广告策划方面难得的人才。我只是想提醒你,人的精力有限,要想做到面面俱到,是不太现实的。好好做你的广告策划,你会前途无量的。至于写小说、搞设计,最好只当成业余爱好。要记住,人生的目标不能太多,人这一辈子若能把一件事做得出色,就已经是很大的成功了。"

此后,约翰便时常用这话来敲打自己。两年后,他终于升为广告策划总监。

一般情况下,人们会对生活感到迷失都是所要或所想的太多,而又一时达不到目标造成的。这种想法使很多人不能将精力专注于一项事业,他们总是目标多多,精力分散,总是做着这件事,又想着那件事,最后什么也做不好,还错过了许多近在咫尺的成功机会。所以他们永远也快乐不起来,因为他们永远都不能达成自己的理想。

但凡成功人士,都能专注于一个目标。伊斯特曼致力于生产柯达相机,这为他赚进了数不清的金钱,也为全球数百万人带来了不可言喻的乐趣;比尔·盖茨一心做软件开发,终成为世界首富……

每天都花一点点时间问一下自己,内心真正想要的是什么?什么才是你最快乐最满足的理想,慢慢地,你会发现,那些遥远的不切实际的梦想和杂念都是你追逐美好生活的累赘,而那些最贴近你的事物才是你的快乐所在。把精力集中在这些最让你快乐的事情上,别再胡思乱想偏离正确的人生轨道。只要我们一次只专心地做一件事,全身心地投入,就一定会收获更多的成果和快乐。

法国马赛一位名叫多梅尔的警官,为了缉捕一名罪犯,查阅了十几米高的文件档案,打了30多万次电话,足迹踏遍四大洲,行程达到80多万公里。

经过52年的漫长追捕,多梅尔终于将罪犯捉拿归案。此时多梅尔已经是73岁高龄。有记者问他这样做值得吗?他回答:"一个人一生只要干好一件事,这辈子就没白过。"

当初多梅尔接到这个案子时,也许他并没有料到这会成为自己矢志不渝、奋斗终生的目标。他只是把它当作一个普通案件,履行一个警官应该履行的职责。然而随着案情的一步步深入,作为一名执法者的高度责任感和使命感,使他再也不能淡然处之了。因为一个小姑娘无辜惨死的眼睛还没有合上,他时时刻刻都在被那双眼睛注视着。

也就是从那时候起,多梅尔把缉捕罪犯立为了自己的终生之志。

一任风霜雨雪,途程万里;一任寒暑过往,四时变易。18000多个日夜从身边流去了,意气风发的昂扬少年变成了垂垂老矣的暮年衰翁,但他仍然在执着地干着一件事。跬步之积而至千里,滴水之聚终成江河,经过52年的漫长耕耘,多梅尔终于有了收获。

当他把手铐铐在那名同样年老的罪犯手上时,竟然兴奋得像个孩子:"受害者可以瞑目了,我也可以退休了。"

一个人一生中只要能够干好一件事,当他回忆往事的时候,就不会因为虚度年华而悔恨,也不会因为碌碌无为而羞愧,他可以像多梅尔那样自豪地说上一句:"我这辈子没有白过!"

的确,人的一生真的很短暂,一个人一辈子能真正干好一件事就不错了。有的人,好高骛远,心性浮躁,频繁跳槽,这山望着那山高,老觉得人家碗里肉多,到头来,虽说干过不少事,可连一件事也没有干好。有的人,不务正业,无所事事,一生的全部意义,就是证实了碌碌无为是多么可怕的事情。这种人的人生价值,和那个法国警察相比真是天壤之别。

其实,我们如果把人类社会比作一栋大厦,那么每个人就是大厦上的一块砖,只有大家都能做到尽职尽责,干好自己该干的那一件事,做一块质量合格的砖，大厦才能牢固、宏伟。当会计的不错算一笔账，当营业员的把微笑送给客户，当演员的努力塑造好每一个角色……这些都是很平凡的事，但一个人若能一辈子干好其中一件事，就不算虚度人生了。想想看，美好的世界不就是由这样美好的事组成的吗？

5.忠于什么都不如忠于自己重要 ◀

哈佛著名的思想家爱默生说过："相信你自己的思想，相信你内心深处认为是正确的东西。"坚持真理首先意味着要忠于自己、相信自己，有极大的勇气坚持自己的判断。

学生向苏格拉底请教如何才能坚持真理，苏格拉底让大家坐下来。他拿着一个苹果，慢慢地从每个同学的座位旁边走过，一边走一边说："请同学们集中精力，注意嗅空气中的气味。"

然后，他回到讲台上，把苹果举起来左右晃了晃，问："有哪位同学闻到苹果的味儿了？"有一位学生举手站起来回答说："我闻到了，是香味儿！"

苏格拉底又问："还有哪位同学闻到了？"学生们你看看我，我看看你，都不作声。苏格拉底再次举着苹果，慢慢地从每一个学生的座位旁边走过，边走边叮嘱："请同学们务必集中精力，仔细嗅一嗅空气中的气味。"

回到讲台上后，他又问："大家闻到苹果的气味了吗？"这次，绝大多数学生都举起了手。稍后，苏格拉底第三次走到学生中间，让每位学生都嗅一嗅苹果。回到讲台后，他再次提问："同学们，大家闻到苹果的味儿了吗？"他的话音刚落，除一位学生外，其他学生全部举起了手。那位没举手的学生左右看了看，也慌忙地举起了手。他的神态引起了一阵笑声。苏格拉底也笑了："大家闻到了什么味儿?"学生们异口同声地回答:"香味儿!"

苏格拉底脸上的笑容不见了,他举起苹果缓缓地说:"非常遗憾,这是一个假苹果,什么味儿也没有。"

人都有从众心理,面对外界事物作出判断时,尽管一开始有自己的主张,可周围持反面主张的人多了,甚至呈一边倒的形势时,他就会认为自己的选择是错误的,心理的堤岸崩溃了,转而改变立场。苏格拉底的这个故事,挖掘出了人性的弱点——迷信权威,盲目从众,不相信自己。这样不但会使人错失很多亲身认识事物真相的机会,甚至会歪曲事物的真相。

哈佛告诉我们:每个人所认同的真理是不同的,在你追求心中的真理时,难免会听到不同的声音,但是,这时候你要是放弃自己的观点,放弃自己所看到的事实,完全听从别人的观点,没有自己的主见,就会被真理嘲弄。

对此,哈佛人的做法是:要想成为真理的朋友,就应该忠于事实,要忠于事实,首先应该忠于自己。要坚持自己认为是对的事,并勇往直前;要完全相信自己,即使受到阻挠和诽谤,也不改变信念。

做学问要有自己的认识,不能人云亦云,这样才能获得真知。做人也是如此,要有自己的独立人格和原则,才可能受到别人的尊重。那些见风使舵、委曲求全、人云亦云的人最终必将遭人唾弃。

发现真理很难,但发现真理后坚持真理更难,尤其是在不被他人认同的情况下;当然,要否决谬误更难,特别在他人都相信那谬误是真理的时候。长久以来,哈佛形成了一种学术标准。对真理的认真探索无疑是这一标准的核心价值。

哈佛认为:真理高于一切。与真理为友,最通常的意义就在于敢于直面真相,说出真相。每个人一生中都见证过无数真相,但因为这些事与己无关,或者与己有关同时也关系到他人,为了明哲保身免担风险,就选择了沉默。就因这些沉默,人类的良知也渐渐沦丧。

有这样一个关于神父的故事:

神父很苦恼，事情的起因是一个男人在他面前做过一次忏悔。"实话相告，我是个杀人犯。"那男人坦白说，他是一起杀人案的真正凶手，而该案的嫌疑犯已被逮捕并判处死刑。神父本应该向警察局报告这件事的真相，可是他的教规规定严禁将忏悔者的秘密泄露他人。他不知如何是好。如果就这样保持沉默，一个无辜的人即将冤死，这会使他良心不安；可是要打破教规，这对于发誓将一生献给上帝的他来说，是无论如何也做不到的。他陷入了进退两难的境地之中。

最后，他决定保持沉默。于是，他来到另一个神父的面前忏悔。"我将眼看着一个无辜的人被处死……"他陈述了事情的来龙去脉。这位神父朋友也为难了。想来想去，他也决定保持沉默。为了逃避良心的谴责，他又向另外一个神父忏悔……在刑场上，神父问死囚："你还有什么要说的吗？""我没有罪，我冤枉！"死囚叫道。"这我知道。"神父回答，"你是无辜的，全国的神父都知道。但是，我们有什么办法呢？"

为了不受教规的处罚，神父最终没说出真相，代价就是一个无辜的人被送进刑场。

真理是一个响亮而崇高的字眼儿，需要崇高的心灵去维护。每个人都希望自己能够站在真理这一边，但却不是每个人都有足够的勇气与真理为友。往往，在私利面前，我们失去了说出事情真相的勇气。

"我要做的只是以我的微薄之力来为真理和正义服务，即使不为人喜欢也在所不惜。"爱因斯坦坚持与真理永远结伴而行，值得我们所有人学习。

▲

6. 自己的一只眼睛，胜过别人的一双眼睛　◀

对任何一件事情，都有两种以上的观点存在。为什么呢？因为我们很难完全看清这件事情的全貌，只能从某个角度看到部分真相。看待问题的角度不同，就会形成不同的观点，也会存在观点冲突。为了获得真知，为了做对事情，有必要多听听别人的意见，这样就可以对事情真相了解得更全面。

但是，完全听从别人的观点，没有自己的主见，就会无所适从，失去自己。所以，既要在别人的观点中博采众长，也要相信自己的眼光和判断。世上没有绝对正确的东西，每一件事也因个人衡量的标准、立场不同，而改变其价值。别人的判断并不能代表你的思想，因此，要善于利用自己的双眼。

波兰有句谚语："自己的一只眼睛，胜过别人的一双眼睛。"这句话的意思是：以自己的眼睛，去寻找事实真相。

除了依赖眼睛之外，还要善用头脑。任何一件事都要经过判断再做出结论，而不能人云亦云。

做任何事情，每个人都会按自己认为正确的方式去做。但这样做真的正确吗？有时很难判断。因为真理往往被假象蒙尘，很难一目了然。那么，我们就应该等到完全确认这件事情的正确性之后再去做吗？当然不行。真理要靠行动发掘，一定要被验证完全正确之后再去做，我们将止步于探求真理的途中。对此，哈佛人的观点是：在从事自己认为有价值的事时，假如没有确实的证据证明它是错的，就不妨假设它是对的，并勇往直前。要全心相信自己所做事情的价值，即使受到阻挠和诽谤，也不改变信念。只有这样，才能完成伟业。

奥本海默一直以来都是哈佛人的骄傲，因为他主持了世界上第一颗原子弹的研制。那是在1942年，奥本海默负责了整个"曼哈顿工程"，为美国制造原子弹。制造原子弹对整个人类来说也是一件开天辟地、前所未有的大事,因此也就意味着这件事没有任何成功的经验可以借鉴。很多人认为这项工作不可能完成;还有很多人认为,假如原子弹研制成功,对人类将是一场灾难。

但是,奥本海默坚信自己工作的价值,坚信自己想努力达成的一切是对的,因为他知道德国人正在加紧研制原子弹。核武器一旦被希特勒首先掌握,后果将不堪设想。所以,奥本海默下定决心,一定要在德国人之前把原子弹制造出来。他知道,可能也会有人因此诅咒他。他毕竟是在领导着制造人类历史上第一个能使人类毁灭的武器。但他确信自己所做的事是对的,是为全人类服务的,这个事实给了他无穷的力量。他对所有关于原子弹的消极论调一概置之不理,以极大的热情全身心投入到这项史无前例的艰巨工作中。

为了早日获得成功,奥本海默不仅自己努力工作,还热情地激励他的每一位同事。他认为,必须群策群力,必须依靠广大科学家的集体智慧才能完成这项划时代的任务。他每周组织一次学术讨论会,鼓励每位科学家畅所欲言,献计献策。

后来,他的同事回忆说:"奥本海默也许是我见过的最好的实验室主任,因为他头脑十分灵活,因为他成功地了解了实验室几乎每一项重要的发明,也因为他对别人的心理有很不寻常的洞察力,这一点在物理学家中是很少见的。人人都感到,奥本海默关心每一个人的工作。他善于挖掘每一个人的内在潜力,善于鼓舞人。他和人谈话时,总能使对方明白,你的工作对整个工程的成功来说是重要的。我们不记得在洛斯阿拉莫斯时他对谁不好,虽然战前和战后他常同别人闹别扭。在洛斯阿拉莫斯他没有使任何人感到自卑,一个也没有。"

成功属于那些对自己事业保持狂热且具有坚定信念的人。可以说正是这种坚强的意志造就了奥本海默的成功。终于在1945年,原子弹被研制出来了。

我们应该注意,"相信自己所做事情的正确",并不是盲目地自以为是。正确与否,源于对某些事实所做的判断。我们可以看不到事实的全部,但绝不能完全背离事实，尤其是某些核心事实。比如，奥本海默认为应该研制原子弹，是基于这样一个事实：假如法西斯首先掌握原子弹，全人类将面临灭顶之灾。那么，原子弹研制成功，会不会带来副作用？这在当时来说，是一个暂时预见不到、需要时间证明的事实。在判断事物价值时，看不到的事实当然要让步于可见事实。

这并不是说我们应该以眼前得失作为判断根本。恰恰相反，为了事业成功，我们应该为了长远之得而选择承受眼前之失。

亨利·福特为了坚持自己认为正确的事，曾跟他的同事们进行过一场激烈的辩论。那时候，福特汽车公司生产出了价廉物美的T型车，当年售了一千多辆，形势似乎一派大好。没想到，年底结算时发现，利润几乎全被成本抵消了，根本没有赚到钱。

这是什么原因呢？

原来，为了让T型车更加完美，公司每装配成一部汽车，亨利·福特都要求对各种机件的结构、功能做详细检查和试验，然后再绘出几种另外的图样进行研究比较。如果认为原有的机件不好，就在下一部汽车中加以改进。如此一来，几乎每辆车的零件都不完全相同，无法批量生产，成本自然偏高。为此，在公司董事会上，福特遭到以柯金斯为首的股东们的责难。他们认为，照这样做是不可能赚到钱的。

福特耐心解释说："现在是不赚钱，将来的'钱途'却不可限量。"

柯金斯说："有一个事实你可能没有注意到，福特先生！汽车零件的形式不固定，一天一变。请问，买我们汽车的人，如果零件坏了，要换一个新的，你拿什么给人家？"

福特说："只好替顾客照原样造一个。"

柯金斯冷笑说："你不觉得这违反常识吗？这样做，成本将高得让我们无法承受。"

福特解释："这是因为目前的汽车零件还不够理想，只有不断改进才能使之完善,到那时零件就可以定型了,成本也会随之降低。"

在福特的坚持下,公司决策层终于达成共识,全力支持T型车的开发和生产。几年后,近乎完美的T型车终于问世,它像一阵旋风似的,立即畅销全美。福特公司也由此争得汽车行业的霸主地位。

福特考虑长远发展,无疑是对的;柯金斯考虑眼前利润,也没有错。在生活中,我们面临的意见冲突,经常不是谁对谁错的问题,而是一个判断谁更正确的问题。那么,判断的依据是什么呢?我们在什么时候应该坚持自己的意见,什么时候又该采纳别人的意见呢?哈佛人提供了一个简易的判断标准:哪种意见对公众更有利,哪种意见就更正确。奥本海默的坚持,能为人类提供安全保障;福特的坚持,能为顾客提供价廉物美的产品。他们的坚持对公众更有利,完全可以认为是正确的。

在生活中,只要我们确信自己所做的事对公众有利而不仅仅是对自己有利,那么,我们就可大胆相信自己所做的是一件极具价值的事,并且勇往直前。

第三章

你不是想得太多,而是动得太少

生命就是一次行动的过程。在这个过程中,我们留下了许许多多的脚印,无论是规则的还是不规则的脚印,都在默默证明我们的行动姿态。你用什么样的姿态去做事情就会有什么样的收获,这就是行动的效果。

1. 心动不如行动,失败好过不动　　◀

　　人类进化成为高级的动物,并且以其独特的方式宣告:我可以独立行走了。正是因为这样,行动力才被更好地输出,以至发挥到了极点。而人类进化的几千年以来,行动力一直是人类适应地球的本能。

　　在今天这个全球一体化的经济时代里,行动力又得到了另外一种诠释:它是人与环境互动的结果。所以行动力的执行程度,成了人是否走向成功的标尺。

　　梅丹理是名校的毕业生,无论是在学业上还是在家庭背景上,他都占据着优势。可是毕业后,他并没有像其他同学那样到大公司或是自己家族企业里上班,而是选择了一家不太知名的小广告公司。这让很多人无法理解,但梅丹理却对朋友们说道:"是金子总会发光,不管做什么事情,都要对自己有信心,因为没有什么是不可能的,只要你行动了。"

　　梅丹理对事业是充满信心的,他刚应聘广告销售员这个职业的时候,对于这个职业还一无所知,老板便告诉他:"业务员就是把想象赋予行动,把幻想变成现实的职业。"

　　于是,梅丹理开始着手工作,他列出一份名单,准备去拜访这些很特别的客户。公司里的其他业务员都认为那些客户是不可能和他们合作的,但梅丹理执意要去试一试。

　　梅丹理怀着坚定的信心去拜访这些客户。然而,令所有人都想不到的是,两天之内,他和18个"不可能的"客户中的3个谈成了交易。直到第一个月的月底,18个客户中只有一个还没有同意合作。当然,梅丹理是不会轻易放弃最开始的计划的,行动会一直持续到成功为止。所以梅丹理决定继续拜访那位顾

▲

客,直到成功为止。

两个月以来,梅丹理每天早晨都到拒绝买他广告的客户那去报到,只要他的商店一开门,梅丹理就进去试图说服那位商人做广告,而每天早晨,这位商人都回答说:"不!"可是每当这位商人说"不"时,梅丹理都好像没听到一样,继续前去拜访。到了这个月的最后一天,已经连续对迈克说了30天"不"的商人说:"年轻人,你已经浪费了一个月的时间来请求我买你的广告,我现在想知道的是,你为何要坚持这样做?"

梅丹理说:"我并没有浪费时间,这段时间我其实也是在学习,而您就是我的老师,我一直在训练自己在逆境中的坚持精神。"那位商人点点头,接着梅丹理的话说:"我也必须向你承认,这一个月来我也一直在学习,而你也是我的老师。你已经教会了我坚持到底这个道理,对我来说,这比金钱更有价值,为了表示我对你的感激,我决定买你的一个版面做广告,当作我付给你的学费。"

梅丹理凭借自己坚忍不拔的精神和实际行动,终于打动了客户,为自己赢得了机会。

梅丹理的成功让我们看到了行动的魅力。他用实际行动把"不可能"的事情变成可能。有人会问,难道这是因为梅丹理有超凡的智慧吗?错了,梅丹理跟我们一样平凡,没有过人的智慧;梅丹理是因为敢于行动,才把许多人认为不可能的事变成了现实。在这里,如果非要说梅丹理有什么过人之处的话,就是他那敢于行动的精神。而其实这是我们每个人都可以做到的。

行动的力量是巨大的,它可以把人们一贯认为的"不可能"变成可能。你常常会听到这样一句话:"心动不如行动。"说得一点都没有错。行动是成功的必经之路,假如你连行动的前提都没有,那就更谈不上成功了。不管是什么样的道路,都要有一个开始,行动就是迈向成功的那个开始。

不要认为别人都不去做的事情就是不可做的事情。别人连行动机会都不曾给予的某一件事,我们又何以判定它是不可为的呢?行动是成功的实验室,是否成功都要去行动过后才能得出结论。这就好比一个科学专利一般，连实验都没有通过，那又怎么能得出该专利是不是可用的、实用的呢？所以，我们与其沉浸在幻想的人生里头，还不如把梦想赋予到行动里面。只有一次次实际的行动，才能证明哪条路是自己要走的，也只有这样，成功才会眷顾你。

当你迈出第一步的时候，你的行动就是你的成功宣言。成败与否让行动去定夺吧。

2. 知道不如做到，想到更要做到　　◀

有句话是这么说的："不怕做不到，只怕想不到。"当然，很多时候灵光一现的创意确实是弥足珍贵，能给人们的成功带来意想不到的效果。然而，想法终究只是存在于脑海里，没有行动就只是一脑子空想而已。因此上面的话也可以这么说："知道不如做到，想到更要做到。"

汽车大王亨利·福特告诉我们一个极为简单的成功法则。他说："认为自己能做到，或是不能做到，其实只是一个转念。"不要因为人们的怀疑，就阻碍了你的想象空间。只要想到了，就要去付诸行动和实践。只要努力行动，没有什么是不可能的。而如果一味怀疑，迟迟不肯行动，那么再美妙和实际的想法也只能是纸上谈兵，永远不可能成为现实。

20世纪上半叶，飞行还处于螺旋桨式的小飞机时代，这类机型不仅无法长时间飞行，而且运载量低，故障率也高。美国环球公司为了发展航空科技，特别举办了一个有关航空的征文，题目是"我心目中的未来航空"。

其中，有位参赛者名叫海伦，非常热爱飞行，对航空更是充满憧憬，她认真地写下自己的梦想：……到了1985年，喷射飞机将能载运300位热爱天空的乘客,而且最高时速可达700英里,总航程可达5000万英里。有的飞机能自由降落,也能在大楼平台上紧急降落,而我们更可以乘坐飞机很快地到达世界的各个角落游玩,像美丽的夏威夷或埃及的金字塔。这样旅程缩短了,生命时间也加长了!充满想象的海伦,还对机场的设施与导航设备等都做了预测。

然而,如此大胆的想象却不被人们看好,甚至当时的专家学者也认为这根本不可行。于是,海伦的"伟大想象"就这么被弃置了,没有人在意这份充满创意的"梦想"。

直到40年后,创意部门在整理档案时,统计出这些40年前的作品,一共有13000份。

大家在一一整理阅读时却发现,这些作品多数明显保守与缺乏创意,直到他们看见海伦的答案时才眼前一亮。

因为,当年她所"梦想"的,如今都已经成为实现,而且几乎一模一样。大家为之惊奇不已的同时,也对海伦由衷敬佩。

费了一番力气,他们终于找到了海伦,当时她已经80多岁了。公司带给她5万美元,作为迟到的奖励。

海伦基于她对飞行的了解与热爱,构建出对未来航空的憧憬。如果她的大胆想象获得当时评审者的青睐,并给予重视的话,海伦的梦想,也许不必等到40年后才能实现。

再奇妙的想法也需要勇敢地付诸实践,正因为没有付诸实践,海伦的设想才迟到了整整40年。因此,想法和周全的计划很重要,而勇敢地踏出实践的第一步更重要。

在法国南部一个很小的城市里,住着一群人。他们从来没有离开过小城,他们一直都认为这个小城是最美丽最富饶的地方。后来,有一位外地的客商路过小城,客商告诉他们:"小城只不过是一个小得极不起眼的地方而已,小城之外还有很多地方比这个城市更美丽、更富饶。"

听了客商的话，小城中的人们决定出去走一走，开开眼界。有了这个想法之后，他们决定在出发之前做一份周全的计划。他们根据客商的描述制定了一份内容详尽的计划。后来客商离开了小城，留给了他们一本关于旅行的书。看了这本书介绍的内容，他们感到最初制定的那份计划太不周全了，于是又加入了一些条款。

经过几次修改和完善，他们终于有了一份完整的出行计划，可还是不能立即出发，因为出行计划上罗列的许多东西他们还没有准备好。他们还要买地图，由于从来没有走出过小城，他们只能从外面来的一些商贩手中购买地图。终于有商贩来了，人们从商贩手中买了好几份地图，不过商贩告诉他们，如果想到更远的地方旅行最好用地球仪，于是他们又等待卖地球仪的商贩进城。

就这样，他们等到了地球仪。在买了地球仪之后，他们发现还需要火车时刻表，在有了火车时刻表之后他们又发现还需要指南针。在这些东西都准备好了之后，他们又觉得还需要一个行李箱，行李箱准备好了之后又发现没有锁出门不安全，他们又找铁匠打了一把十分保险的锁……

等人们把一切都准备好之后，他们才发现自己早已年老力衰，根本没有足够的力气实施当年制定的计划了。况且他们当初的那份雄心壮志早已被时间消耗殆尽，最后他们不得不老死在小城中。

空有计划而不付诸实践永远都不可能成功，就像故事中小城的人们一样，计划虽然天衣无缝，极尽完美，但是他们始终都不敢将计划付诸实践。这种前怕狼后怕虎的犹豫态度，最终也使得他们完美的计划付诸东流，没有任何的实际效果。

成功的第一步总是很艰难的，这需要莫大的勇气和决心，而将想法付诸实践便是实现梦想的第一步。只有踏出了这一步才能迈上成功的大道，而畏畏缩缩，迟迟不肯行动，再完美的计划和想法也只会付诸东流。

3.别让你的人生停滞在借口上

社会的现实需要我们在走每一步前都下定决心,并赋予勇气,等待和安慰式地找借口只能让自己走入迷途,如此一来,你将在茫茫人海中失去主动权。

看起来好像是人类有太多的理由去失败,而没有太多的理由去成功。其实不然,只是人们习惯了为自己找理由而已。找借口会使事情止步不前,因为理由总停留在事情的发展阶段,事情得不到解决,等于在困难面前为自己找了借口,逃避事实上的缺点,并不愿意去修正它。如此一来,人生便停留在了那个借口之上。

老鼠家族召开紧急会议,商讨如何对付这户人家的另一个住户——猫。因为这只巨大的不速之客十分厉害,让老鼠们吃尽了苦头。于是大家开始献计献策,想要制定一个对付猫的万全之策。

"我们干脆研制一种毒药,让那只老猫一闻毙命!"一只老鼠首先说道。

"不行不行,那我们闻了岂不一样没命。"

"就是嘛!还有好主意吗?"

又有一只老鼠提议道:"那我们就给猫培养吃鸡吃鸭的饮食习惯。"

众老鼠冥思苦想,纷纷献计,可都被否决了。

最后,一只狡猾的老鼠开口说话了:"我有一个好主意,只是不知道谁有这样的胆量。我们给猫的脖子上挂上一只铃铛,只要猫一动,就会有响声,大家可以事先躲避起来,让猫扑空。"

众鼠异口同声地称赞道:"真是太妙的主意了。高,实在是高!"

这项决议是通过了,可是由谁前去实施呢?这真是一个难题。结果没有一

49

只老鼠敢去挂铃。后来鼠王重新召开家族会议商讨这个问题，并提出会有巨额奖金等以资鼓励，但是大家纷纷找借口推拖着，因为谁也不想送死。

事情就这样一直拖着拖着，老鼠们的日子仍旧不好过，时常受到猫的侵袭。

只有想法，而不去行动，就永远不会得到你想要的结果。任何事情都是想得再多、说得再好，不如亲自去尝试一下，一味地拖延只能失去更多的机会。

没有十全十美的事情，所以人们总有百分百的借口可以随意说出来。没有等待而来的成功，只有行动出来的结果。如果只是一味地拖拉、等待，不仅不能把事情从根本上解决掉，反而会错失良机，导致最后全盘崩溃。

一直强调的行动力，并不是说不按时间去行动，也不应该盲目等待，而是说在机会面前我们要立刻行动。或者当下你的眼前没有任何机会，也不应该盲目等待，因为机遇是寻找出来的，有行动才会有开始。那些在困难面前不敢行动的人，只会用借口来安慰自己的人，成功是不会出现在他们面前的。

米亚是一个很可爱的女孩。她很有理想，但是她有个坏习惯，她习惯等待与理想相吻合的机遇。

一天，有人告诉她，有人将要以大价钱收购草莓，如果现在去摘取草莓，再卖给那位收购草莓的商人，将会得到一笔不菲的收入。米亚听了很高兴，并蹦蹦跳跳地跑回家等待着商人的到来，可是怎么等都不见商人出现。草莓的成熟期很快就过去了，商人出现了，可是米亚一颗草莓都没有摘取，拿着空空的篮子遗憾地说："没事，只是时间上有点误差而已。如果商人在草莓成熟时出现，我就可以成功了。"

米亚继续保持着等待和为等待找理由的习惯。直到她28岁，米亚还是一事无成。米亚的妈妈看出了女儿的弱点，就主动找米亚聊天。

米亚的妈妈告诉她："人生没有等待出来的奇迹，我们要认真行动起来，走在时间的前面,争取每一个机遇,这样成功才会靠近你。"

米亚半信半疑地按照妈妈的话去努力寻找成功的机遇,并积极地行动。终于有一天,她找到了之前收购草莓的商人,问他现在需要收购什么,商人说:"现在需要收购土豆,如果你有土豆可以卖给我,我要用大价钱收购。"

米亚听商人这么说,很是高兴地留了商人的联系方式,回到家立刻提着菜篮子去挖土豆,几天后联系商人来收购。如此一来,米亚赚了不少钱,更重要的是还从中体会到了成功的乐趣。

布朗大学一直在向我们阐述这样一个道理:等待与懒惰同属于一种坏习惯,成功与行动是成正比的。是的,人的生命是有限的,等待并不能实现你的梦想,因为等待只能换来时间的流逝和无限的幻想。我们应该积极行动起来,抛去一切懒惰的思想,不为任何困难找借口。踏踏实实地做好每一件事情,比盲目等待更有意义。

比如,不要以星期天不用上班为借口而睡懒觉;夏天不因为天气酷热而不想出门;上班不为环境的不理想而变得懒惰,等等。诸如此类的借口,往往都是阻碍我们前进。只要我们拿出勇气,坚定地把那块阻碍我们发展的石头搬走,我们的人生道路也就畅通无阻了。

托马斯是一个探险爱好者,他最喜欢的生活就是背上行囊穿梭于各大高峰险滩之间,再高再险的山峰,托马斯都要征服它们。过段时间回到家中,全身筋疲力尽,衣服破烂不堪,但却快乐无比。

但令托马斯感到苦恼的是,他的工作不允许他经常探险。他是一个化妆品推销员,长时间的外出探险会使他失去很多推销产品的机会。有一天,当他依依不舍地离开森林准备打道回府的时候,托马斯突发奇想:在这荒山野地,深山老林里会不会也有居民需要化妆品呢?这样我不就可以在户外消遣的同时也不耽误自己的工作了吗?调查发现,果真有这部分人存在:他们是阿拉斯加铁路公司的员工。他们大部分人都散居在沿线五十里各段路轨的附近。

托马斯当天就开始了他的计划。他向一个旅行社打听清楚以后,就开始整理行装。他不肯停下来是因为不想因思想的一时动摇而改变现在的想法,他也不左思右想找借口,而只是搭上船直接前往阿拉斯加。

托马斯沿着铁路沿线开始了他的工作。他很快就成了那些与世隔绝的家庭最受欢迎的客人,并不单单是因为他们这里没有人前来,而是托马斯给他们带来从未见过的新鲜物品——化妆品,也因为他代表了外面的文明。托马斯在那里还学会了理发,替当地人免费服务。并且他还教当地的妇女烹饪技术,使那些吃厌了罐头食品和腌肉的当地居民饱尝了美味,他的手艺自然使他变成了最受欢迎的人。与此同时,他也过着自己喜欢的生活,徜徉于山野之间,走进森林,登上高峰,过着自己想要的生活。

梦想是要靠行动去实现的,而不是靠空想支撑着。记住,这世上没有"天上掉馅饼"的好事发生,任何成功都需要付出努力。

4. 少有人走的路,你不妨走走看 ◀

成功的人往往敢于冒险,冒天下之大不韪,从而做到他人无法成就之事。正如卡耐基先生说过的一句话:"对于有着失去一切可能性的事业,如果你投注了自己一生的积蓄,那就是有勇无谋。然而,对于那些你虽然没有经验,心生不安,但有新的可能性的工作发起挑战,却是十分有勇气的行为。"

虽然布朗大学不乏贵族子弟,但是他们一点也不缺乏冒险精神,他们比其他人更能够有勇气地面对挑战,敢于行动。

很多人问布朗大学的学子们,什么人能在事业上获得巨大的成就,他们给出的答案很简单,那就是:性格果敢,敢于行动的人。

▲

在人们喝着可口可乐的时候,大家却不知道,这个巨大饮料帝国的财富和影响力,是因为一名年轻店员阿萨·坎德勒的勇敢尝试而最终得来的。

那是很久以前的事了。一次,一位年迈的乡下医生驾马车来到美国某个镇上,在他拴好了马后,便悄悄从药房的后门进入里面,开始与一位年轻的店员谈生意,而那位年轻的店员正是饮料帝国的创始人阿萨·坎德勒。

在配方柜台的后面,这位老医师与那位年轻店员低声谈了一个多小时,然后走了出去,到他的马车上取出一把老式的大壶及一把木质的板子(用来在壶里搅拌的),把它们放在药店后面。店员检查了大壶之后,便从自己的内衣袋中取出一卷钞票,递给医师,整整500美元,这是年轻店员的全部积蓄。

于是那医师又递过一小卷纸,上面写的是一个秘密公式。这小纸卷上的公式和文字,现在看来价值应高达当时一个皇帝的赎金,那上面记载着烧开这旧壶里的液体的方法。可是当时的医师和店员谁都不知道从壶里流出来的,将是令人难以相信的财富。

老医师很高兴他那一件物品卖了500美元,年轻店员则冒了很大的危险,把小半生的储蓄都花在这一小卷纸和一把旧壶上了。

当年轻店员把一种新成分与秘密公式的配方混合以后,始于这把旧壶的缔造真正开始了,并最终形成了一个庞大的帝国。它雇用了与陆军同样多的职员,影响波及世界各地,而这个商业帝国就是可口可乐公司。

成功的人都能清楚地认识到,人生路上的风险是在所难免的,但他们仍充满信心地在风险中争取事业的成功。然而,每个人所能承受的风险都有一定的限度,超过限度,风险就变成了一种负担,会对你的心理造成伤害,还会影响你生活的各个层面,包括工作、健康和家庭。

因此,当你准备进行冒险时,必须考虑到自己愿意和能够承担多大的风险,这要根据个人的性格和条件来决定。

同时,还要有合理的风险观念:去冒值得冒的险,然后设法降低风险。

　　冒险不是赌博，不是无顾忌地投入。你若有机会去美国拉斯维加斯或大西洋城等地的赌城，仔细观察装潢豪华的赌厅，你将发现赌场内看不到钟。室内灯火通明，而且你也看不到任何窗户。没有钟也没有窗户的目的，是希望赌徒分不清昼夜，能够尽兴玩乐，玩到忘了时间。因为赌徒玩得越久，赌场赢钱的概率就越大。赌博之所以必输，就在于它的期望值为负值，少数几次看不出来，但时间一长，期望值就逐渐地显现出来了，所以赌久了，必输无疑。因此赌博是不值得的冒险。

　　此外，虽然冒险精神是必要的，但绝对不可以冲动。虽然冒险精神与冲动看起来好像差不多，但本质上却是天差地别。财富绝对不会对懦弱的人微笑。同样地，对于有勇无谋的冲动派也没有什么兴趣。

　　在生活中我们常常会舍近求远，到别处去寻找自己身边就有的东西。而机遇往往就在你的脚边，准确地讲，是在你的眼里、手里。这个时候往往是最能考验一个人是不是有一点冒险精神的。

　　这是一位船长的亲身经历：

　　"那天晚上碰到了不幸的'中美洲'号，"一位船长讲述道："天正渐渐地黑下来。海上风很大，海浪滔天，一浪比一浪高。我给那艘破旧的汽船发了个信号打招呼，问他们需不需要帮忙。'情况正变得越来越糟糕。'亨顿船长朝着我喊道。'那你要不要把所有的乘客先转到我的船上来呢？'我大声地问他。'现在不要紧，你明天早上再来帮我好不好？'他回答道。'好吧，我尽力而为，试一试吧。可是你现在先把乘客转到我船上不更好吗？'我回答他。'你还是明天早上再来帮我吧。'他依旧坚持道。我曾经试图向他靠近，但是，你知道，那时是在晚上，天又黑，浪又大，我怎么也无法固定自己的位置。后来我就再也没有见到过'中美洲'号。就在他与我对话后的一个半小时，他的船连同船上那些鲜活的生命就永远地沉入了海底。船长和他的船员以及大部分的乘客在海洋的深处为自己找到了最安静的坟墓。"

▲

亨顿船长在生存机遇曾经离他咫尺时却选择了忽略,当它变得遥不可及的时候才意识到这个机会的价值,然而,在他面对死神的最后时刻,他就算有深深的自责又有什么用呢?他的盲目乐观与优柔寡断使得多少乘客成为了牺牲品!其实,在我们的生活当中,又有多少像亨顿船长这样的人,他们在欢乐的时刻盲目乐观,在噩运的面前又是那么的软弱无力,只有在经历过之后,他们才幡然悔悟,明白那句古老的格言"机不可失,时不再来"。然而,这时已经迟了。

许多人认为自己注定贫穷,实际上他们有许多不易被发现的机会,只是需要他们在周围和种种潜力中,在比钻石更珍贵的能力中来发掘。据统计,在美国东部的大城市中,至少94%的人第一次挣大钱是在家中,或在离家不远处,而且是为了满足日常、普通的需求。对于那些看不到身边机会,一心以为只有远走他乡才能发迹的人来说,这就是当头一棒。不要等待千载难逢的机会,抓住平凡的机会使之不平凡。

在布朗大学流传着这样一个故事:

有一次,一个叫摩根的年轻人,由于工作原因,被派往古巴采购海鲜货物。回来的时候,货船在新奥尔良码头作了短暂的停泊休憩。

摩根是一个很有心计的人,尤其是在时间管理和利用方面,更是独具匠心,比如,就是这一短暂的休憩也被他充分利用上了。别的人在休息室闲来无事,不知如何打发时间,而摩根却争分夺秒,抓紧时间步出码头,一面放松身心一面观察世情,寻找可能利用的商业机会。

上天不负有心人。就在摩根信步码头的时候,一位素昧平生的白种人从后边猛然拍了一下摩根的肩膀,神秘地说道:"尊贵的先生,请问您想买一些咖啡吗?"

摩根下意识地感觉到发财的机会出现了,马上回应道:"有多少?"

"足够。"那陌生人幽默而机智地答道。

"什么价钱?"摩根问道。

陌生人仔细打量了一下摩根："如果你全部收下，我可以半价卖给你。"

"那当然。"摩根不假思索脱口而出。

经过详细了解，摩根得知——原来这位素昧平生的白种人是一艘巴西货船的船长，为一位美国商人运来了一船的咖啡。可是，当咖啡运到码头的时候，那位收货的美国商人却意外地破产了，根本无法支付货款并接收咖啡，素昧平生的白种人只好就地贱卖抛售。

"尊贵的摩根先生，如果您真的有诚意全部购买，我情愿只收半价，绝无戏言。"白种人再一次强调。

"为什么？"摩根机警地反问。

"因为等于您帮了我一个大忙嘛。"

"此话可当真？"

"当真！但是我有一个条件，就是我们必须现金交易。"

摩根仔细察看了白种人船长拿出来的样品，觉得咖啡的成色还不错，估计市场潜力很大，于是当即果断地决定全部买下。

实际上，摩根做出这样的决定是要冒极大商业风险的。这是因为，第一，此时的摩根初出茅庐，虽然是大学毕业生，但是还没有商业实践经验。第二，此时的摩根只是凭感觉做决定，还没有时间去找到合适的买家，万一这一船咖啡卖不出去，砸在手里，后果将不堪设想！但是，摩根还是没有任何犹豫，凭借着自己的直觉，果敢地接下了这船咖啡。

那些经验丰富的公司职员都劝摩根："年轻人，做事还是谨慎一点为好。虽然这些咖啡的价钱让人怦然心动，但是，谁敢保证船舱内所有的咖啡都同样品完全一样呢？更何况以前曾经多次发生过船员欺骗买主的事啊！"

摩根坚信自己的判断绝对没错。

此时的摩根热情高涨，他马不停蹄地给纽约的邓肯商行发去电报，把这笔生意的情况告诉他们。喜形于色的摩根等来的却是当头棒喝，邓肯商行对摩根的举措严加指责："第一，绝对不许擅用公司名义做未经审批的事情！第二，务必立即撤销所有交易，不得有误！"

▲

热血沸腾的摩根顿时凉透了心。但是,从小就争强好胜的他面对邓肯商行的坚决反对并没有丝毫的畏惧退缩。他相信自己的直觉判断绝对没错,他认定这是一笔极为有利可图的大宗买卖。但是,没有了商行的支持,摩根不得不硬着头皮向远在伦敦的父亲吉诺斯求援。在父亲吉诺斯的支持下,摩根一不做二不休,索性放开手脚大干一场,把码头上其他几条船上的咖啡也以很便宜的价格全部买了下来,耐心等待抛出机会。动作之快,气魄之大,可谓叹为观止。许多熟悉摩根的人都为他捏了一把汗!

真是老天有眼,没过多久,摩根就等来了很好的抛售机会。巴西的咖啡产量因为受到寒潮侵袭而骤然暴减,市场上居然出现了断货的情形。此时咖啡的价格一下子暴涨了好几倍!结果,敢于冒险的摩根大赚特赚,几乎乐得嘴巴都合不拢了。

此后,摩根便创办了自己的公司,并进行了一次又一次大胆的投资,并且几乎每次都是大获其利,并最终成为左右美国经济达半世纪之久的金融巨擘!

摩根这种果敢的作风,在布朗大学的案例教学中被视为经典。从这个故事中,布朗学子得到的教诲是:当机会到来时,切不可优柔寡断,左顾右盼。一定要当机立断地行动起来。

布朗人认为,"不愿意冒险是最大的风险,而不敢于行动是最大的懦弱"。这是因为,机遇总是藏匿于风险中,而行动总是实现梦想的动力。害怕风险不敢行动导致的失败风险比奋勇一搏带来的风险更高一倍。所以,一个人若想创出一番大事业,获得真正意义上的成功,就不能只有幻想,只有等待,而必须行动、拼搏、奋进。只要你看准了,你认为它可以改变你的现状,可以使你过上更好的生活,就大胆去干吧。行动是一切成功的前提。

许多人擅长分析、思考,可是却很少付诸行动,这样的人永远和成功距离一步之遥。不管你的梦想是什么,都不要坐在那里空等,现在就行动起来吧。

5. 从你不喜欢的事情做起　　◄

哲学家苏格拉底说:"当许多人在一条路上徘徊不前时,他们不得不让开一条大路,让那珍惜时间的人赶到他们的前面去。"

在实际生活中,也是如此。在时间的支配和管理上,当我们遇到了"徘徊不前"的情况,就要学会"换位思考,反向行动"。

大部分人做事都是从易到难,从喜欢的事情做起,但恰恰喜欢做的事情一般都阻碍工作进展,是效率最大的杀手。不愿意做某件事情的借口往往是没什么兴趣,真实的原因是自己没有能力在当前把事情做好,这就形成了一种循环,因为不擅长或者没有自信心,所以拖延着不做,而拖延着不做让自己处于急于逃避或者应付了事的状态中,并没有从根本上深入理解工作的本身,因此也无法提高自身的能力,最终变得越来越不喜欢应该做的事情。在良性的循环里,因为不擅长或者自身的能力无法达到,所以总是花时间想办法钻研学习,慢慢掌握一些要领,使工作变得顺利起来,慢慢培养出了兴趣,在工作中也发现了乐趣,因此不喜欢的事情慢慢就喜欢起来。

每个人都习惯避开自己不擅长的事情,结果使得这一方面的能力越加弱化,并且在心里形成一种惯性思维——"我没兴趣,也做不好,我并不喜欢做这件事情。"结果越来越不喜欢去做它。

很少有人对分派下来的工作会兴奋得两眼发光,除非他是工作狂,或恰巧分配下来的工作又是他最擅长且最喜欢做的。这时候就要面对一个问题:如何完成一项枯燥、自己又没有把握的工作呢?譬如说这项工作需要8个小时才能完成,如何在8个小时里不被随时而来的干扰或者欲望打断,最好的方法就是把时间分段。一般情况,人注意力集中的时间都不长,5-6岁的儿童持续

▲

时间为10分钟,7-8岁的儿童是15分钟,上小学的孩子则是20-30分钟,成年人也只有30分钟左右,学校设置每节课的时间也不过45分钟,所以长时间地集中注意力是一个普遍的难题,更何况自己毫无兴趣的事情。

对于一般人来说,专注某件事情长达一个小时是非常困难的,15分钟就不会那么艰难了,尝试以15分钟为段,如果做到了,就对自己说,"看起来做得不错,不妨再做15分钟"。趁着自己在状态再接再厉,半小时就过去了。原本事情是没有喜欢或者不喜欢之分,而是我们对事情的感觉让它有了这一层的定义,任何事情着手时,想象的感觉就消失了,不管你多害怕它,或者认为它多么讨厌,当沉静下来投入到工作中时,不好的感觉就不存在了,工作就是要找到"我在"的状态。

每天从最不喜欢的事情开始做起,坚持做完它,然后做第二件事情,一直做到最后一件才开始做你喜欢的事情。从心理上最困难的入手,在中途不要跳过那些你不喜欢做的事情这是一种强化训练,坚持下去,强化的效果会越来越大,最终你会觉得你有力量完成任何事情。

刚刚晋升为销售部经理的张蓓每天做的第一件事情就是给那些"难啃"的顾客打电话,或者直接登门拜访,刚进公司的她可不是这样的。销售菜鸟的她每天都在为给陌生顾客打电话头痛不已,所以总是拖拖拉拉,做一些杂七杂八的事情来逃避,一个月下来,人事部主管找她谈话时委婉提出了辞退她的想法,张蓓这个时候意识到自己在试用期的表现并不好,面临着丢掉工作的厄运。谈话后的第二天,早上开始工作时她就直接给顾客打电话,因为技巧并不好所以被顾客拒绝的概率很高,一个上午下来,她反而比以前轻松,比起以往整天想着联络顾客而未能付诸行动的恐惧,顾客直接的回绝虽然让人沮丧,但内心并没有那么大的负担。一个星期后,她成功地完成了一个订单,这也是她进入公司后的第一笔销售业绩。和顾客打交道越多,沟通的技巧也越加成熟,慢慢地形成了一早预约和拜访顾客的工作习惯。因为业绩突出她很快就荣升为销售部经理。

对于足球选手来说，日常训练中的仰卧起坐是最无聊、最枯燥的，却是每日必须训练的一项，那些优秀的运动员往往优先做这一项，事实上它很快就会过去，他们也可以享受接下来所有的训练活动，这点小改变对整个训练的感觉产生了很大的不同，而那些平庸的运动员不得不整天都在担心，因为他们把这一项留了最后，从而使整个训练都充满了压力和焦虑。

一堂北大哲学公开课，曾风趣地分析过这个老段子："天下有两种吃葡萄的人。一串葡萄到手，一种人挑最好的先吃，另一种人把最好的留在最后吃。第一种人是很不开心，因为接下来每吃一颗都要比上一颗味道差，这就像吃惯山珍海味的人是没办法习惯吃粗茶淡饭的，吃了最甜的水果，接下来无论吃多甜的食物，都是不甜的，做完最喜欢的事情，接下来每件事情都是让人生厌的；第二种人是快乐的，因为他吃了最难吃的葡萄，接下来每一颗葡萄的味道都比上一颗要好，从最不喜欢的事做起，接下来无论做什么事情，都充满了乐趣，所以接下来他吃每颗葡萄都是欢天喜地的。"

可见，从不喜欢的事情做起让你工作时更有力量，也更加投入，进而慢慢改变对工作的看法和态度。

6. 看看，今天有没有比昨天更进步　◀

成大事者与未成事者之间的差距，并非如大多数人想象的是一道巨大的鸿沟。成大事者与不成大事者的区别在于一些小小的行动上：每天花5分钟阅读、多打一个电话、多努力一点、表演上多费一点心思、多做一些研究，或在实验室中多实验一次。

"磨刀不误砍柴工"是我们每个人都知道的一句谚语。这里所说的"磨

▲

刀"就是修炼自己各方面的功力,提高办事能力和效率。

　　一个人的能力有大小,办事效率有高低。对大多数人来讲,最头痛的问题就是——自己缺乏能力,想多做事,但常常是力不从心,半途而废。怎样解决这个问题呢?首先必须提高自己的能力,把所有的时间和精力都投入到自己的专项上。结果会怎样?结果你会发现自己突然强大起来了,做成了自己想做的事。这就是"多努力一点"的成事之道。

　　渥沦·哈特葛伦在年轻时曾是一名挖沙工人,长年累月的劳作使他萌发了必须要成就自己的人生事业的欲望——想成为研究南非树蛙的专家。按照哈特葛伦所受的教育,本来他不具备这方面的才能,但他从1969年开始,就把大部分时间和精力用在了研究的专项上。他每天都收集150个标本,共做了大约300万字的笔记,终于找到了南非树蛙的生活规律,并从这些蛙类身上提取了世界上极为罕见的一种能预防皮肤伤病的药物,从而一举成名,获得了哈佛大学的博士学位,并成为美国《时代》周刊的封面人物。他曾经问过一位年轻人是否了解南非树蛙,年轻人坦白地说:"不知道。"

　　博士诚恳地说:"如果你想知道,你可以每天花5分钟的时间阅读相关资料,这样,5年内你就会成为最懂南非树蛙的人,成为这一领域中最具权威的人。"

　　年轻人当时未置可否,但他后来却常常想起博士的这番话,觉得这番话真的很有人生哲理。这位年轻人开始像博士一样把时间和精力投入到自己的专项上,终于成就了一番大事业。他的名字叫伍迪·艾伦。

　　我们大多数人都不愿意每天投资5分钟的时间(与5个钟头的时间相比实在是少之又少),努力成为自己理想中的人。

　　伍迪·艾伦说过:"生活中90%的时间只是在混日子。大多数人的生活层次只停留在为吃饭而吃、为搭公车而搭、为工作而工作、为回家而回家。他们从一个地方逛到另一个地方,事情做完一件又一件,好像做了很多事,但却很少有时间去追求自己真正想要达成的目标。就这样，一直到老死。我猜想很多人到临退休时，才发现自己虚度了大半生，剩余的日子又在病痛中一点一点地流逝。想要成就自己的事业，这样做是绝对不行的，必须把时间和精力投入到一个项目上，这样你才能变得非同寻常。"

这就是说，比别人多努力一点，你就拥有更多的成功机会。

两个同龄的年轻人同时受雇于一家店铺，并且拿同样的薪水。可是叫阿诺德的小伙子青云直上，而那个叫布鲁诺的小伙子却仍在原地踏步。布鲁诺很不满意受到老板的不公正待遇，终于有一天他到老板那儿发起了牢骚。老板一边耐心地听着他的抱怨，一边在心里盘算着怎样向他解释清楚他与阿诺德之间的差别。

"布鲁诺先生，"老板开口说话了，"您今早到集市上去一下，看看今天早上有什么卖的。"

布鲁诺从集市上回来向老板汇报说："今早集市上只有一个农民拉了一车土豆在卖。"

"有多少？"老板问。

布鲁诺赶快戴上帽子又跑到集市上，然后回来告诉老板一共有40袋土豆。

"价格是多少？"

布鲁诺又第三次跑到集市上问来了价钱。

"好吧，"老板对他说，"现在请您坐到这把椅子上，一句话也不要说，看看别人怎么做。"

阿诺德很快就从集市上回来了，并汇报说到现在为止只有一个农民在卖土豆，一共40袋，价格是多少，土豆质量很不错，他还带回来一个让老板看看。这个农民一个钟头以后还会弄来几箱西红柿，据他看价格非常公道。昨天他们铺子的西红柿卖得很快，库存已经不多了。他想这么便宜的西红柿老板肯定会进一些的，所以他不仅带回了一个西红柿作样品，而且把那个农民也带来了，他现在正在外面等回话呢。

　　此时老板转向布鲁诺,说:"现在你肯定知道为什么阿诺德的薪水比你高了吧?"

　　布鲁诺跑了三趟,才在老板的不断提示下了解了菜市场的部分情况;而阿诺德仅一趟,就掌握了老板需要和可能需要的信息。现实生活中也有不少人像布鲁诺那样,上司吩咐什么就干什么,自己从不用脑,结果长期不被重用,还感叹命运的不公。而像阿诺德那样办事高效、灵活的人,不仅能圆满地完成领导交给的任务,还能主动给领导提供参考意见和尽可能多的信息,自然会得到领导的赏识和青睐。

　　在办任何一件事情时,你必须与自己作比较,看看今天有没有比明天更进步——即使只有一点点。

第四章

你对自己多懒惰，生活就对你多无情

太多人在一边流着口水羡慕别人功成名就，光彩夺目，一边给自己找借口拖延不思进取。他们明明知道，理想是用来实现的，而不是单纯用来在梦里放飞的。

没有一个人随随便便就能成功，该对自己狠一点的时候却总是舍不得，总是手软，总是给自己找借口，那就只能永远止步不前。今天没努力，明天自然没理由有收获。

1. 年轻是拼搏的资本,不是懒惰的借口　　◄

在我们的一生中,时间是有限的,它也是这个世界唯一可以称得上完全公平的事物,因为每个人的每一天都是在相同的空间中度过的。我们要用有限的时间争取获得更多的东西,这也是一些人获得成功的秘诀。

每个人都应该给自己算一笔时间账,自己在某方面花费了,或即将花费多长时间,将获得什么样的收益。这种收益可以是快乐、金钱、名誉、自我价值等。

而很多年轻人在时间花费上的特点,往往是以得到快乐为目的。他们把大把的时间消费在享乐上,而忽视了其他应该做的。这种时间消费的失衡必然会影响他们今后的生活。

这些人其实是可悲的。他们眼睁睁地看着啤酒、游戏、小说、肥皂剧等强行换走了自己的时间和青春,却不加以阻挡,还感觉"很酷""很刺激""很舒服"。等到了30多岁,发现同龄人用他们的青春时光换取了大量的财富而自己却一无所有时,才后悔莫及。而当他们想奋起直追时,却发现自己已经不是原来那个精力旺盛的年轻人,很多事做起来已经力不从心。

年轻,应该是拼搏的资本,而不应该是懒惰的借口。年轻,是人生最灿烂的岁月,你可以骄傲地对所有人喊"我有青春我怕谁"。仗着自己年轻,还有大把的时间去打拼,不用急于一时,于是,你把玩乐放在了第一位。而挥霍之后却是流泪,因为你开始后悔自己曾"年少轻狂"。没有人会永远年轻,青春时刻都在流失。

一个人如果年轻的时候没有为将来的生活留下点什么,那么他将来的日子一定会过得很艰难。

▲

章明毕业后,因为几次应聘均以失败告终,生活热情一下子被打消了,他变得沮丧起来。后来,他索性把简历撕了,懒得再去找工作,在家看碟、玩游戏。

每次家人催他继续找工作,他总是说:"急什么! 我才刚毕业呢!"家人以为他压力太大,也就不再催他。可是,两个月后,他仍然没有要去找工作的迹象,整天在家玩游戏,变成了足不出户、名副其实的"宅男"。家人一再催促他:"玩物丧志,还是趁着刚出校门的一腔热情,找个工作吧!"他总是敷衍了事。

这个时候,他迷上了"CS"(反恐精英游戏),这个游戏可不是一天两天能玩完的。他似乎着了魔,除了眼前的敌人和城墙,什么也看不见、听不见。每当家人催起,他要么充耳不闻,要么不耐烦:"现在不缺吃、不缺喝,担心什么? 等我挣了钱会偿还你们的。"

为了逃避父母的追问,章明搬出一大堆书籍,摆明了不找工作,他决定要考研。虽然他偶尔也看看书,但更多的时候是在跟朋友们一起交流游戏心得、喝酒、打牌、看碟。

考试当然没有通过。后来,他觉得考研实在太难,放弃了。日子一天天地流失,他已经习惯了跟意气相投的朋友一起玩。其间,还交了两个女朋友,对方都不明不白地离开了他。他父亲实在着急了,便托人给他找了个临时的差事,他这才勉强有了份工作。

几年后的一次同学聚会,让章明彻底醒悟过来。这几年时间,大家的变化都很大。以前那个老跟他一起玩的李平是最让人刮目相看的,现在居然在深圳安家立业了;那个戴着800度近视眼镜的王强,居然进了公务员的队伍;就连那个最不爱说话,还经常被自己取笑"胆小鬼"的赵冰也在谈着跟人合作做生意的事情。

原来,只有自己还在原地转。在同学们面前,他感到极其自卑,原来的他并不是这样,几年的时间里,怎么就变得谁都不如了。即使他奋起直追,前面消耗掉的几年时间显然也追不回来了,他需要用更多的精力和血汗才能争取到别人几年前就获得的东西。因为他在失去时光的同时还失去了其他宝贵的东西——他的热情、意志、专业知识，更糟糕的是，这期间他还养成了懒惰的坏习气。

时间就是一切，它能让我们获得一切，也能让我们失去一切。

我们放走了时间的同时，也就放弃了成功的有利条件。华罗庚说过："成功的人无一不是利用时间的能手。"

很多人之所以成功，是因为他们抓住了这个条件，不仅懂得珍惜时间，而且知道如何管理时间。他们把别人用来喝咖啡、闲逛的时间投入到工作中，把别人用来玩游戏、看小说的时间用来思考。

所以，我们要努力学会管理时间：

(1)不要沉迷于某种娱乐活动或游戏，你以为你在玩游戏，其实是被游戏玩了。

(2)做某种事情前，先评估时间的投入与支出。看时间的消费和最终的收益是否平衡。又费时间又没好处的事不要做。

(3)有效地利用零碎的时间，不要以为干大事就一定需要"整段"的时间，"点滴"时间累积起来同样可以干出大事。

(4)学会统筹时间，同时做几件事情。这样做就是占时间的"便宜"，很划算。但要做好每件事，避免"三心二意"。

(5)重要的时间留给重要的事情。不同的时间段具有不同的效能。恹恹欲睡的时候干不重要的事，精力充沛的时候做重要的事。

(6)时间不可能完全用"尽"。累了就休息，否则，在身体不支持的情况下强行利用时间也是浪费时间，因为身体垮了需要更多的时间去恢复。

2. 虽然你是狮子，追不上羚羊也会饿死 ◄

熟悉三国故事的人，都常常为"死诸葛吓走活仲达"这一幕话剧拍手叫绝。

话说诸葛亮临死之前料想自己一命归阴后，司马懿会趁机起兵追杀，便授计大将杨仪在自己死后退兵时，待司马懿率兵追来，就推出自己的木雕塑像，以假乱真，达到惊退司马懿的目的。后来，诸葛亮死了，司马懿果然发兵追击，杨仪按照诸葛亮生前的遗嘱做了，那司马懿以为诸葛亮还健在，生怕中了他的计谋，不敢逼进。于是杨仪率军结阵从容而去。不久，司马懿知道了事情真相，惊呼上当，并自我解嘲说："吾能料生，不能料死。"

的确，诸葛亮行事如果没有这种高超的预测力，就难以屡战不败，后人也绝不会尊之为神明。

无数的人生经验证实了这一点：工于计谋者胜，拙于预谋者败。

21世纪是一个充满风险、充满挑战的世纪，我们的生活、职业、娱乐、思维方式都已经发生很大变化。要在这样的环境里很好地生存，就要学会深谋远虑，防患于未然。

每天，当太阳升起来的时候，非洲大草原上的动物们就开始奔跑了。

狮子告诉自己的孩子："孩子，你必须跑得再快一点，再快一点，你要是跑不过最慢的羚羊，你就会活活地饿死。"

在大草原的另外一端，羚羊妈妈也正在教育自己的孩子："孩子，你必须跑得再快一点，再快一点，如果你不能比跑得最快的狮子还要快，那你就肯定会被它们吃掉。"

为了生存，羚羊和狮子不得不在草原上狂奔，除了奔跑它们别无选择。危机感使它们无暇他顾,一心奔跑,比对手更快也是它们唯一的选择。

我们常说的"有时常思无时""有备无患"也是指的这个道理。仔细想想,你有否为自己的将来做过什么准备?如果只是一味在担忧,什么也不去做,那么,可悲的命运降临到你头上的可能性更大。反之,若你一直在为自己的今后做准备,你就无须害怕,因为你已经备好应对的方法。

凡事预则立,不预则废,有备才能无患。居安思危不等同于消极脆弱,而是积极果敢的表现,它是对生于忧患、死于安乐这种规律性现象的自觉认识和提前防范。要想积极主动地化解或战胜风险,就需要我们警钟长鸣,保持居安思危的忧患意识。居安思危,自觉、自警、自励的忧患意识,当属于自强不息的一种表现。

意大利梅洛尼公司的负责人梅洛尼先生,在几十年前,曾被美国GE公司告知:"我们决定收购你们公司,你回去做一下准备。"梅洛尼先生当时很气愤地说:"我还没有卖掉我公司的打算。"对方撂下一句话:"那你等着瞧吧!"

那以后的20年,梅洛尼公司一直都存在,品牌还是属于自己的,不但如此,梅洛尼的家电产品还在欧洲占了很大的份额。

这个时候的梅洛尼先生也已经老了,他说:"这20年来,我时刻都战战兢兢,如履薄冰,拼命地奔跑。正因为这样,我的公司才避免了被别的大公司吞并的厄运。"

梅洛尼或许打心眼里感谢当初对他口出狂言的GE公司,是他们迫使他产生了危机意识,也正是那份危机意识让他有了现在的成功。

20世纪90年代初,波音公司的产能大幅下降,公司昔日的辉煌已经渐渐远去。为了走出经营低谷,波音公司自己摄制了一段虚拟的电视新闻片:在一个天色灰暗的日子,众多的工人垂头丧气地拖着沉重的脚步,鱼贯而出,离开了工作多年的飞机制造厂。厂房上面挂着一块"厂房出售"的牌子,扩音器中传出声音：“今天是波音时代的终结，波音公司关闭了最后一个车间……”

这则企业倒闭的电视新闻使员工们强烈地意识到市场竞争的残酷无情，市场经济的大潮随时都会吞噬掉企业，他们也随时会有失业的危机。

波音公司通过这段片子告诫员工们：如果本公司不进行彻底的变革，很快就会迎来末日。

波音公司员工真正的危机感源于公司的这段“广告片”策略，他们真切感受到“末日即将来临”。员工的忧患意识和不懈奋斗的精神被激发出来后，波音公司得以迅速复兴。

在华为正当盛世，销售额达到220亿元，跃居中国IT业之首，全体员工士气高昂之时，2000年底，任正非却突然抛出了“华为的冬天”一说，给行走在坦途上的全体华为员工敲响了警钟：

“公司所有员工是否考虑，如果有一天，公司销售额下滑、利润下滑甚至破产，我们怎么办？我们公司的太平时间长了，这也许就是我们的灾难。‘泰坦尼克号’也是在一片欢呼中出海的。

“十年来我天天思考的就是失败，对成功视而不见，也没有什么荣誉感、自豪感，而是危机感。也许是这样才存活了10年。我们大家要一起来想，怎样才能活下去，才能存活得久一些。

“失败的一天是一定会到来的，大家要准备迎接，这是我从不动摇的看法，这是历史规律。

“而且我相信，这一天一定会到来，面对这样的未来，我们怎样来处理，我们是不是思考过？我们好多员工盲目自豪，盲目乐观，如果想过的人太少，也许危机就快来临了。居安思危，并不是危言耸听。”

挫折、困苦成就了任正非，也深刻地影响了他的处世原则。他宁愿让自己以及华为员工们生活在无边的忧虑和惊恐中，也不想让自己与员工放松警惕哪怕一刻钟。

华为正当盛世,任正非就已经考虑到居安思危,从这当中不难看出,华为为什么能在短时间内,成就了如此卓越的事业。

一个没有危机意识的企业迟早要垮掉。同样的,一个没有危机意识的人,一定会在未来遭到不可预测的灾难。因为未来是不可预测的,而且人也不可能天天走好运,所以我们更要有危机意识,在心理上和行动上准备好应付突如其来的变化。若没有事先准备,光是心理受到的冲击就会让你手足无措,更别提应对了。危机意识或许无法消灭问题,但至少可把灾害降到最低,为自己开辟出一条生路。

在一次狩猎中,野兔被一只猎狗追赶,猎狗费尽力气,也没能追上野兔。"为什么我体形比你大得多,力气也比你大,却怎么也追不上你?"野兔回答:"那是因为我们奔跑的目的不同,你只是为了饱餐一顿,而我则是为活下去而奔跑!"

每个人都必须像野兔一样,"为了生存而奔跑",绝不能安于现状。全球驰名的GE公司,更是把这则寓言的精髓演绎到了墙上的宣传板上,到处张贴了狮子和羚羊奔跑的图画。羚羊跑在前面说:"只要我稍一松懈,就会成为狮子的美餐。"而狮子则在后面穷追不舍,说:"虽然我是狮子,但我若追不上羚羊,就会饿死。"

3.智商不是硬伤,懒惰才是　　　　　　　　◀

我们都想寻找成功的捷径,却不明白做一切事都要认真踏实,这样才能有所成就。我们脑中存在的想要不劳而获的想法会阻碍我们获得成功。

自从听说有人在萨文河畔散步时无意间发现金子后,那里便常常有来自四面八方的淘金者。他们都梦想着一夜之间成为富翁，于是不辞辛苦地寻遍整个河床，甚至还在河床上挖出很多大坑。

的确，有一些人找到了，但更多的人却一无所得，只好扫兴而归。

也有不甘心落空的，便驻扎在这里，继续寻找。彼得·弗雷特就是其中的一员。他在河床附近买了一块没人要的土地，一个人默默地工作。他为了找金子，已把所有的钱都押在这块土地上。他埋头苦干了几个月，翻遍了整块土地，但连一丁点儿金子都没看见。6个月以后，他连买面包的钱都没有了。于是他准备离开这儿到别处去谋生。

就在他即将离开的前一个晚上，天下起了倾盆大雨，并且一下就是三天三夜。雨终于停了，彼得走出小木屋，发现眼前的土地看上去好像和以前不一样：坑坑洼洼已被大水冲刷平整，松软的土地上长出一层绿茸茸的小草。

"这里没找到金子，"彼得忽有所悟地说，"但这土地很肥沃，我可以用来种花，并且拿到镇上去卖给那些富人。他们一定会买些花装扮他们的家园。如果这样真的能行，那么我一定会赚许多钱，有朝一日我也会成为富人……"

于是，他留了下来。彼得花了不少精力培育花苗，不久田地里长满了美丽娇艳的各色鲜花。

5年后，彼得终于实现了他的梦想——成了一个富翁。他无比骄傲地对人说："我是唯一一个找到真金的人！我的'金子'就在这块土地里，只有诚实的人用勤劳才能采集。"

只有勤劳的人才能采集到真正的"金子"。因此人生幸福的必要条件是：勤劳。劳动本身足以给我们带来愉快与满足感。

著名数学家华罗庚说过："勤能补拙是良训，一分辛苦一分才。"通往成功的路虽然有很多条，但每条路上都会遇到相同的困难：曲折和坎坷。不管智商多高的人，都只有"勤奋"这一条路径，"勤奋是金"，是获得成功的不二法门。

随着社会的发展，越来越多的人开始喧嚣和浮躁起来。期望不付出任何代价就能获得成功，有这种投机取巧想法的人显然无法实现自己的心愿，因为如果没有勤奋作为基础,成功只是纸上谈兵。

很久以前,有一个叫汉克的年轻人,一心想要成为一个百万富翁。他觉得成为百万富翁的捷径,便是学会炼金之术。

因此,他把自己所有的时间、金钱和精力都花在寻找炼金术这件事情上。很快,他就花光了自己的全部积蓄,家中也因此变得一贫如洗,连饭都没得吃了。妻子无奈,只好跑到父亲那里诉苦。她父亲决定帮助女婿改掉恶习。

于是他叫来汉克并对他说:"我已经掌握了炼金之术,只是现在还缺少一样炼金的东西……"

"快告诉我还缺少什么?"汉克急切地问道。

"好吧,我可以让你知道这个秘密,我需要3公斤香蕉叶的白色绒毛。这些绒毛必须是你自己种的香蕉树上的。等到收齐后,我便告诉你炼金的方法。汉克回到家后立刻将荒废多年的田地种上了香蕉。为了尽快凑齐绒毛,他除了种以前就有的自家的田地外,还开垦了大量的荒地。当香蕉成熟后,他便小心得从每张香蕉叶上刮收白绒毛。他的妻子把一串串香蕉拉到市场上去卖。就这样,10年过去了,汉克终于收齐了3公斤绒毛。这天,他一脸兴奋得拿着绒毛来到岳父的家里向岳父讨要炼金之术。

岳父指着院中一间房子说:"现在你把那边的房门打开看看。"

汉克打开了那扇门,立即看到满屋金光,竟然全是黄金,而他的妻子就站在屋中。妻子告诉他这些金子都是他这十年里所种的香蕉换来的。面对满屋实实在在的黄金,汉克恍然大悟。

这个道理和滴水穿石的道理是一样的。我们经常在屋檐下的石阶上看见一行小坑,这些小坑不是人为凿出来的,而是屋檐上的水滴下来,总是滴落在同一个地方,长年累月地敲打形成的。这种现象在心理学上称为"滴水效应",意思就是,只要一心一意地做事,持之以恒而不半途而废,就一定能够达成我们的愿望,走向成功。

▲

4.不能持续地学习，就会被社会淘汰　◀

在学校里学到的东西是十分有限的，在工作和生活中所需要的相当多的知识和技能，完全要靠他们在实践中一边学习，一边摸索。与学校相比，社会是一本更加博大精深的书，需要经常不断地去翻阅。

在这个变化越来越快的现代社会，每个人现有的知识和技能很容易过时，只有不断地学习，才不会被淘汰。德国设计中心主席彼得·扎克说："在人生的这场游戏中，你要拥有生活和学习的热情，吸收能够使自己继续成长的东西来充实你的头脑。"如果一个人不能持续地学习，就会被社会淘汰。只有随时随地地补充能量，拥有一种积极的学习心态才能够充满自信。

这是美国东部一所规模很大的大学。毕业考试的最后一天，在一座教学楼前的阶梯上，有一群机械系大四学生挤在一起，正在讨论几分钟后就要开始的考试。他们的脸上显示出信心，这是最后一场考试，接着就是毕业典礼和找工作了。

有几个人说他们已经找到工作了。其他的人则在讨论他们想得到的工作。怀着对四年大学教育的肯定，他们觉得心理上早有准备，一定能征服外面的世界。

他们知道即将进行的考试只是非常简单的事情。教授说他们可带需要的教科书、参考书和笔记，只是考试时他们不能彼此交头接耳。

他们喜气洋洋地鱼贯而入。教室里，教授把考卷发下去，学生们都眉开眼笑，因为他们注意到只有5个论述题。

3个小时过去了，教授开始收集考卷。学生似乎不再有信心，他们脸上有可怕的表情。没有一个说话，教授手里拿着考卷，面对着全班学生。教授端详

75

着面前学生们担忧的脸,问道:"有几个人把五个问题全答完了?"

没有人举手。

"有几个答完了四个?"

仍旧没有人举手。

"三个? 两个?"

学生在座位上不安起来。

"那么一个呢? 一定有人做完了一个吧?"

全班学生仍保持沉默。

教授放下手中的考卷说:"这是我预料之中的。我只是要加深你们的印象,即使你们已完成四年工程教育,但仍旧有许多有关工程的问题你们不知道。这些你们不能回答的问题,在日常操作中是非常普遍的。"

于是教授带着微笑说下去:"这个科目你们都会及格,但要记住,虽然你们是大学毕业生,但你们的学习才刚开始。"

只有不断学习的人,才不会被社会淘汰,也只有随时随地对生活抱着一种学习心态的人,才能超越年龄上的障碍,战胜生理上的老化,使心态保持年轻,让自己充满活力。

不断变化的现代社会,在充满竞争的职场上,学习能力将会成为成就一个人的重要条件。学无止境,向身边的人学习更是终身的义务。

麦克和约翰是同一所医学院的学生,毕业时,麦克选择了一家省城医院,约翰则选择了一家市级医院。他们为自己的选择做出了充分的解释。麦克说:"省城医院专家教授多,接触的病人也多,在那里一定能得到很大的锻炼,有所成就。"约翰说:"省城医院人才济济,我们只不过是普通医学院的毕业生,去了还不是做些跑腿、打杂的工作,能有什么发展前途? 市级医院福利待遇也不低,而且很看重我们这些刚毕业的学生,在那里才有前途。"

10年过去了,麦克成为省内专家,约翰到省城进修,正是跟随麦克学习!

昔日同学,今朝师徒,令人尴尬。麦克请约翰出去吃饭,两人边吃边聊,约翰不解地问:"当年省城医院分去那么多学生,都是非常优异的人才,你成绩并不突出,究竟怎么取得今天的成绩的?"

麦克想了想,拿起身边的茶水洒到桌子上说:"同样是一杯水,洒到桌子上很快就干了,而盛在杯子里就永远留有机会。我来到省城医院,一开始,确实像你说的,不受人重视,天天跟着专家教授做做记录,查查房。有些一起来的学生觉得做这些事没有用处,开始敷衍了事,可我不这样想,我认为天天跟专家教授在一起,即便再笨,耳濡目染也会受到影响,有进步。就这样,一天天,一年年过去了,我最终取得了今天的成绩。"

约翰仔细听着,他若有所思地说:"说得好,你从与你竞争的对手身上看到了成功的道路,学到了成功的秘籍啊。当年,你从我的选择上看到了我的缺点,你做出正确选择;工作后,你从那些懒惰人身上看到了失败的影子,学习到了工作的方法,这比学习专业知识还要重要。而我,贪图享受,惧怕竞争,更不懂得随时随地向他人学习,学习他人的优点,总结他人的弱点,说到底,缺少学习能力,才导致今日的结果。"

麦克听了,笑着说:"竞争不会结束,我们可以开始新一轮比赛。"

此后,约翰努力向麦克学习,包括医学知识,也包括不懈追求、勇于向竞争对手学习的精神,经过多年努力,他也成为当地非常有名的医生。

在充满竞争的环境里,学习是没有止境的,如果你不能及时学习,把握良机,就会被社会淘汰。

瓦尔特·司各脱爵士曾经说过:"每个人所受教育的精华部分,就是他自己教给自己的东西。"由此可知,学习带给我们的财富是无法估量的。尤其是在当今的这个时代,新技术、新产品和新服务项目层出不穷,工作对人的要求随着技术的进步也在不断地产生变化,标准的提高,拉大了技术发展的要求与人们实际的工作能力之间的差距。于是,出现了这样一种奇怪的现象:一方面失业人口持续上升,另一方面各种人才越来越少。随着知识经济时代的到来,企业对员工不再只有数量的需求,更重要的是对其质量有了更高的要求。

所以,只有抱着不断学习的心态的人,才能够永远保持积极乐观的态度,永远走在时代的前端,尽全力去满足社会的需要。

5. 不逼自己一下,你永远不知道潜能有多大 ◄

当我们邂逅一位曾经山重水复而后又柳暗花明的友人时,一番唏嘘,一阵叹息之后,往往都会问:

"这些年,真不容易,你是怎么活过来的?"

"人都是逼出来的。"那位历尽沧桑的老友会这样平淡地回答。

当我们的同事在意想不到的时间内完成了意想不到的业绩时,我们会充满敬意又略带醋意地搭讪:

"真想不到……怎么就给弄出来了?"

"还不都是逼的。"

"都是逼出来的",这样的话在生活中听到的次数实在是太多太多,可是又有谁想过。这平平淡淡的几个字,竟包含了多少感人的故事和成功的真谛!

"逼出来的"究竟是什么东西?是人的潜能,是人的创造力,是创新,是发展。"猴子"变成了人,何等神奇,还不是大自然"逼"的吗?日常生活中,人在被"逼"之下而发挥出超常智能和动能的事例不胜枚举。

"但使龙城飞将在,不教胡马度阴山"的汉代飞将军李广,以善射闻名。据史书记载,有一天李广出去打猎,惊见草里有一只"虎",情急之下应手放了一箭。过去一看,原来是块大石头,而箭头竟然没入石中。接着他又试射了几次,箭却是碰石而落。

新纪录都是在比赛中创造的,而且竞争越激烈,往往成绩越好。

我们上学的时候,都有这样的体会,临考试前,学习效率是最高的。人是一个复杂的矛盾体,既有求发展的需要,又有安于现状、得过且过的惰性。能够卧薪尝胆、自我警醒的人少之又少。更多的人需要的是鞭策和当头棒喝式的促动,而"逼"就是"最自然"的好办法。人们常说的"压力就是动力",就是这个意思。

因此,被逼不要"无奈",被逼是福。要么是被"看得起"委以重托,要么是有好运气,否则不会"逼"到你的头上来。你有了,别人就失去了。

被逼,心态就会改变;被逼,就会有明确的目标;被逼,就会分清轻重缓急,抓紧时间;被逼,就会马上行动。不寻求突破,不创新,就休想跨过这道坎,于是潜能在被逼之下因迅速集聚而爆发,像核聚变一样。

目标达成了,"被逼"的状态解除了,人发展了。

不仅不要怕"逼",而且还应该主动"逼"。自己跟自己过不去,自己逼自己,使自我经常处在一个积极进取、创新求变的良好的紧张状态,使潜能时常处在激发状态。除了在日常工作学习中要有这样的心态,另外就是要订立较高的目标来"逼"自己,来提升自己。

全世界最爱"自找麻烦"的人,年过半百的美国妇女卡罗琳·赫巴德算得上一个。这位和蔼可亲的美国大婶一方面是一位物理学家的妻子和四个孩子的母亲,另一方面又是随时准备到世界各地抢险救灾、拯救生命的勇士。她是"美国救灾行动队"的创建者和领导人。这一组织的宗旨就是:"搜寻和营救",无论国内国外,哪里有灾难,就到哪里去。

1988年12月,亚美尼亚发生大地震,死亡人数超过5万:大厦、住宅、工厂、学校倒塌无数。赫巴德闻讯后几小时便登上飞往亚美尼亚的飞机。她和其他营救队员在零度以下的严寒中,在覆盖几英里的废墟中摸爬8天,尽可能多地搜寻出还有希望救活的人……

卡罗琳·赫巴德参加的营救活动不计其数。她曾到过地震后的萨尔瓦多和菲律宾，去过巴拿马的密林中搜寻生存者，在纽约和田纳西州寻找因桥梁折断而受难的人；到过遭飓风袭击后的南卡罗来纳州；到过飞机、火车失事现场和火灾水灾现场；搜寻救援过丢失的孩子、失踪的猎人和溺水者。

人们无不为她见义勇为的事迹和舍己救人的精神所感动。

当谈到20年来的收获和体会时，她说："我喜欢遇到紧急情况时产生的那种紧张感、那种兴奋感。当意识到自己正在做一件有价值的事情时，我会感到一种满意、一种自豪。在受灾现场，你能看到人类本性最好的一面，也能看到人类本性最坏的一面。而且我也曾处于某种危难境地之中。最重要的是我学会了品尝生活，活出了新意。"

逼自己，就是战胜自己，必须比过去的自己更新；逼自己，就是超越竞争，必须比别人更新。别人想不到，我要想到；别人不敢想，我敢想；别人不敢做，我来做；别人认为做不到，我一定要做到。潜能的力量，真的非常大！

逼自己，一方面要勇于接受挑战，把自己丢进新条件、新情况、新问题中，逼到走投无路，才会想方设法：破釜沉舟，才会背水一战，兵法说"置之死地而后生"。另一方面，要用"自律"来逼，用目标管理、时间管理来逼，用行动结果来逼。以创新之心逼出创新的行为，得到创新的结果。创新是潜能发挥之始，亦是潜能发挥之终。生命力是从压力中体现出来的。生命力就是创新能力，就是创造力，就是人的潜能，也就是竞争力，人的潜能越开发、越使用，就越多越强。

6. 重要的不是你拥有什么，而是你做了什么 ◀

假使你觉得自己的前途无望，觉得周遭的一切都很黑暗惨淡，那你要立刻转过身来，朝向另一方面——朝向那希望与期待的阳光努力飞去，而后定会将黑暗的阴影遗弃在身后。

曾经有这样一个年轻人，他的家境赤贫，连父亲去世后买棺材的钱都是邻居亲友凑齐的。父亲亡故后，他母亲在制伞工厂上班，每天工作10个小时，下班后，还带些按件计酬的工作回家做，一直忙到晚上11点。

在这种境遇中成长的他，少年时有一次参加附近教会举办的话剧演出，他觉得很有趣，从此下决心要学好演讲。这次偶然的经验，成为他日后从政的契机；30岁时他终于当选为纽约州议员，但当时他仍欠缺履行议员职责的准备。

由于他的文化水平很低，所以，工作中碰到很多困难。当他阅读必须付诸表决的冗长而复杂的议案资料时，他完全是莫名其妙；再有，虽然他从未踏进森林一步，却被选为《森林法》立法委员；而从未跟银行打过交道的他，又被选为《银行法》立法委员会的一员。

这不得不让他感到懊悔烦闷，产生了辞职退出之心。但他最终还是没有辞职，原因是他不愿让母亲知道自己无法胜任议员职务这件事。

面对此种困境，他不得不直面问题。他认识到，不必为自己浅薄的知识而难过，只有发奋图强，才可以弥补一切。他下定决心，每天学习16个小时，对一切感兴趣的问题都加以钻研。

他完全忘掉了自己未上过小学的耻辱。自学10年后，他已是纽约州政治事务的最高权威，获得了无数的荣誉；连任了4届纽约州州长，6所大学——包括哈佛大学和哥伦比亚大学,都曾给这个小学都未毕业的男人赠予名誉学位。

不懈的努力终于使他从地方政要人物,变成了全国性的政治家。

《纽约时报》曾盛赞他是纽约最受欢迎的公民。这个不凡的人就是亚当·史密斯。

每一个人都不必为自己没有进入理想的学校,或者有过某些过错与损失而悲伤不止。相反,应该更加努力地去接受现实生活中的每一件事。事情已经发生了,无论你怎样悔恨和叹息都是没有用的。你唯一可做的是轻松愉快地接受它,更加努力地做好你该做的事。在这方面,很多人为我们树立了榜样。

高中毕业后,猫王(埃尔维斯·普雷斯利)靠开卡车为生。1953年,他用开车攒下的钱在孟菲斯市的一个录音棚里录制一盘自弹自唱的磁带,作为给母亲的生日礼物。机缘巧合,录音棚的老板山姆·菲利浦斯听到他的歌声,被这个卡车司机独特的演唱风格和对音乐的执着深深打动了。山姆立即跟猫王(埃尔维斯·普雷斯利)签约,请他加入自己的太阳唱片公司。

玛丽莲·梦露,原名诺玛·简·莫泰森,出生在美国洛杉矶。1944年,梦露在军工厂流水线车间上班时,被一个陆军摄影师注意到了。摄影师请她为几幅宣传画做模特,她从此走红。不久,一家模特中介公司与梦露签约,并送她进表演班学习。1946年,她正式加入20世纪福克斯电影公司。

塞缪尔·莫尔斯从耶鲁大学毕业后,在伦敦学习绘画,后来发展为一个成功的肖像画家和雕塑家。1825年他捐资建立了纽约国家设计院,次年,成为该院首任院长。1832年,他受聘于纽约大学艺术系,成为该系的绘画和雕塑教授。任教期间,他发现化学和电学中有个奇妙的世界。几年后,他研制出一部电磁通讯仪器,并为这个仪器创造了一套密码——莫尔斯电码。

麦当娜于1958年出生在密歇根州,高中毕业后进入密歇根大学,并获得舞蹈系的奖学金。但她两年后辍学,前往纽约寻求发展。成名之前,她在德肯油炸圈饼店里当售货员，之前她当过清洁工和衣帽间的侍者。

肖恩·康纳利1930年出生于苏格兰的爱丁堡，他做过泥瓦匠、游泳馆的救生员等工作。1950年他在"世界先生"健美赛上获得季军后，开始在电影里饰演一些小角色，但生活来源还是靠给棺材刷油漆和上光得到的收入。后来因为出演《诺博士》中的詹姆斯·邦德(007)一炮而红。康纳利共主演过6部"007"系列片和很多脍炙人口的影片，并获第60届奥斯卡最佳男配角奖……

如果你现在的生活环境不是你梦寐以求的理想环境，不要悲观，因为包括前面介绍的很多名人都曾有过与你相同的境遇。

最重要的，不是我们现在在什么地方，拥有什么样的条件，而是我们正在朝着什么方向迈进，在付出什么样的努力！

7. 弯路，只是为了让你多看一段风景 ◀

很多时候，我们自认为"不走运"，于是心里产生了消极抑郁、悲观绝望的情绪。"假如生活欺骗了你"，事情的结局太出乎我们预料，对自己打击太大，不妨反复吟诵"牢骚太盛防肠断，风物长宜放眼量"的佳句，笃信"乐极生悲""苦尽甘来"的哲理，不要忧愁，不要悲伤，不要心急，更不要凄凄惨惨戚戚。

应该知道，世界上有许多事情，是没法尽如我们心意的。同时，我们个人的力量也是有限的，不要把这些不尽如人意的事情变成我们的困扰，而应学会把它们当成人生道路上必须要跨越的沟沟坎坎。

在这个世界上，有阳光就必定有乌云，有晴天就必定有风雨。从乌云中解脱出来的阳光比从前更加灿烂，经历过风雨的天空才能绽放出美丽的彩虹。人们都希望自己的生活中能够多一些快乐，少一些痛苦；多些顺利，少些挫折。可是命运却似乎总爱捉弄人、折磨人，总是给人以更多的失落、痛苦和挫折。此时，我们要知道，困境和挫折也不一定是坏事。它可能使我们的思想更清晰、深刻、成熟、完美。

我们常说要有一颗平常心，其实平常心就在于选准自己的道路，然后持之以恒地走下去。选择自己的道路，可以凭自己的兴趣或所学习的专业去选择，也可以在工作中、生活中去发现适合自己的道路。

别人的路不是自己的路，自己去走了，才会有自己的路。面对一些坎坷，不要退缩，不要气馁，一次两次走不过去也不要紧。要记住，大不了我们可以从头再来。

于娟娟现在是一家美容美发形象设计中心的总经理，她原来是某工具总厂游标卡尺装尺工。提起于娟娟五年的创业历程，她自己说，在开美容院之前，她是一个不成功的"商人"。

20世纪90年代末，原来的单位进入困难时期，于娟娟与丈夫一起下岗待业，两人的收入已不能支持家庭开支。

看着上学的女儿、多病的母亲、正上大学的妹妹，于娟娟与丈夫商量后决定，自己下海做生意。

下岗后，于娟娟像很多下岗职工一样，首先想到的就是摆地摊，批发小百货来卖。

每天，她蹲在路边，守着小摊，眼巴巴地盼着有人光顾。就这样看着来来往往的人群守了一个月，连盒饭都舍不得买，一算账，竟还亏了几十元。

小百货不好卖，就卖别的吧！于娟娟从家里挤出120元，从水果批发市场批发了樱桃来卖。可这回，樱桃一颗颗烂在家里，紧赶着处理，还是亏了50元。卖用的、吃的都贴钱，于娟又改卖穿的。东挪西借后，她去进了一批皮鞋，每天她把几大捆鞋装在蛇皮口袋里，用自行车驮着，四处叫卖。

一个秋雨蒙蒙的傍晚，她去卖鞋，艰难地在凹凸不平、泥浆四溅的路上骑行。这时蛇皮袋绞入后车轮，她连人带车栽入烂泥中，几次想爬起来都没成功。

幸好一位钓鱼的老人路过，将她拉了起来，还帮她把散落满地的皮鞋捡起来。

就这样，皮鞋生意也半途而废了。家里也没有钱让她再去"折腾"，经朋友介绍，她到雅芳公司当了化妆品推销员。

由于长期的风吹日晒，东奔西跑，于娟娟患上严重的胃病和美尼尔氏综合征，脸部皮肤粗糙，还有大块大块的黄褐斑。这样的形象去推销化妆品，就有顾客公开奚落她："看看你自己的样子，也来搞化妆品推销。"

于娟娟没有气馁，她觉得很多人下岗后不再创业是因为不肯放下国企职工的架子，这对于她来说不算什么，生活嘛，谁还不都得过几道坎，她一定能干好。

于是，于娟娟每天穿梭于大街小巷，四处费力推销，终于让自己的生活有了转机。

但是，顾客的奚落一直是她胸口的病，也让她看到了商机——美容业。于娟娟放弃了已能养家糊口的推销工作，到一家美容院当起一个月只有150元工资的"学徒"。

在美容院打工3个月，是她学习的3个月。她全部的工资都变成了有关书籍，再加上师姐的指点，她的技艺突飞猛进。

3个月时间，这家美容院已不能满足她的求知欲。在丈夫支持下，她变卖了家中唯一的电器——电视机和部分家具，到一家专业美容美发培训中心学习，拿到了高级美容师职称。

学成后，于娟娟借了2万元，租了一间20平方米的门面，开了只有两张美容床的"娟娟美容院"。

有了自己的目标，有了自己的天空，于娟娟更加努力，摸索出一套自己的洗脸按摩手法，更在化妆、文眉上有了突飞猛进的提高。从此，于娟娟的生活步入坦途，生意越做越大。

后来，于娟娟的美容院更名为美容美发形象设计中心，有240平方米，上下两层楼：有员工10余人，美容床21张，有自己的美容美发培训学校。于娟娟成功了。

奋斗之后迎来辉煌也是大自然的规律。世上的路很多，归根结底只有两条：上坡路和下坡路。走上坡路，沿途可能会有荆棘刺破你的双脚，你付出了汗水、泪水和血水，也不一定走得很高；走下坡路就显得很容易，你无须把握自己，任他人把你带向未知的方向。

我们不能借口运气不佳就不去成长，那背离了自己生命的本质，是消极厌世。你或许无法获得辉煌的成功，但一定要以一颗平常心面对这浮躁的世界，踏踏实实地成长，一步一个脚印地走好人生路。不过，人生路从没有一帆风顺的，所以，不妨"有意发展，无意成功"；锲而不舍，功到自然成。

第五章

莫里哀曾说:"变通是才智的试金石。"世间万物都在变,没有变化,就会落后,就无法生存。事变我变,人变我变,适者方可生存。成功离不开变通。你又何苦墨守成规不敢不变?不试一下,你怎么知道,自己的脑洞原来还可以开这么大?

1. 脑洞有多大，创意就有多大　　◀

有了正确的思路，才能发挥出卓越的智慧。美国著名地质学家华莱士在总结其一生成败经验的著作《找油的哲学》中这样写道："有油的地方就在人的大脑中。"他提出了一个著名的观点：人的大脑里蕴藏着丰富的宝藏，而思维是其中最珍贵的资源。

一天，有人在卖一块铜块，竟然喊价28万美元。一些记者很好奇，询问后得知，卖铜的这个人是一位艺术家。不过，不管怎样，对于一块只值9美元的破铜块，他的要价无疑是个天价。为此，他被请进了电视台，向人们讲述他的道理。他认为：一块铜，价值9美元，如果做成门把手，价值就增加为21美元；如果制成纪念碑，价值就应该增加为28万美元。他的创意打动了华尔街的一位金融家，结果那块只值9美元的铜被制成了一尊优美的铜像，成为一位成功人士的纪念碑，最后的价值增加到30万美元。

9美元到30万美元之间的差距，可以归结成是思考的结晶、创造力的体现，或者说这中间的差价，就是思维的价值、创造力的价值。由此，我们不难看出，思维对我们的工作和生活有多么重要。在现实生活中，善于思考问题、善于改变思维的人，总能在困境中寻找到解决问题的方法，在成功无望的时候创造出柳暗花明的奇迹。

一家建筑公司的经理忽然收到一份购买两只小白鼠的账单，心里好生奇怪。原来这两只老鼠是他的一个员工买的。他把那个员工叫来，问他为什么要买两只小白鼠。

员工回答道:"上星期我们公司去修的那所房子,要安装新电线。我们要把电线穿过一根10米长,但直径只有2.5厘米的管道,而且管道砌在砖墙里并且弯了4个弯。我们当中谁也想不出怎么让电线穿过去,最后我想到一个好主意。

"我到一个商店买来两只小白鼠,一公一母。然后我把一根线绑在公鼠身上并把它放到管子的一端。另一名工作人员则把那只母鼠放在管子的另一端,逗它吱吱叫。公鼠听到母鼠的叫声,便跑进管子去救它。公鼠顺着管子跑,身后的那根线也被拖着跑。最后小公鼠就拉着线和电线跑过了整条管道。"

这个员工的思维非同一般,他用智慧解决了问题。

只有运用新思维才能突破困境,找到正确的方向。成功的喜悦从来都是属于那些思路常新、不落俗套的人们。所以,要想在职场中大展宏图,就要在你的头脑中形成正确的思维,并决心为之付出努力。

美国食品零售大王吉诺·鲍洛奇一生给我们留下了无数宝贵的商战传奇。10岁那年,鲍洛奇的推销才干就显露出来了。那时他还是个矿工家庭的穷孩子,他发现来矿区参观的游客们喜爱带走一些当地的东西作纪念,他就拣了许多五颜六色的铁矿石向游客兜售,游客们果然争相购买。不料其他的孩子立即群起效仿,鲍洛奇灵机一动,把精心挑选的矿石装进小玻璃瓶。阳光之下,矿石发出绚丽的光泽,游客们简直爱不释手,鲍洛奇也乘机将价格提高了1倍。也许正是这个有趣的经历,使得鲍洛奇对变通销售与定价有独到的理解。在整个商业生涯中,他一直保持灵活变通的思想。

鲍洛奇的公司曾生产一种中国炒面,为了给人耳目一新的感觉,他在口味上"大动脑筋",以浓烈的意大利调味品将炒面的味道调得非常刺激,形成一种独特的中西结合的口味,生产出了优质的中国炒面。同时,使用一流的包装和新颖的广告展开大规模的宣传攻势,打出"中国炒面是三餐之后最高雅的享受"的口号,把中国炒面描述成家庭财富和社会地位的象征。鲍洛奇这一做法相当成功。他把注意力主要集中在了大量中等收入的家庭上。他认为，中等收入的家庭，一般都讲究面子，他们买东西固然希望质优价廉，但只要有特色，哪怕价钱贵一些，他们也认为物有所值，他们是中国食品生意的主要对象。所以针对他们的心理，鲍洛奇在包装和宣传上花了很多精力。果然不出所料，中等收入家庭的主妇们皆以选购中国炒面为荣，尽管鲍洛奇的定价很高，她们依然不觉得贵。

另一方面，鲍洛奇很会揣摩顾客的心理，常常利用较高的价格吸引顾客的注意力。由于新产品投放市场之初，消费者对这种相对高价格商品的品质充满了好奇，很容易就激发了他们的购买欲。并且，一种产品的定价较高，可以为其他产品的定价腾出灵活的空间，企业总能占据主动。当然，这一切都是建立在产品的品质的确不同凡响的基础上。

有一次，鲍洛奇的公司生产的一种蔬菜罐头上市的时候，由于别的厂商同类产品的价格几乎全在每罐5角钱以下，所以公司的营销人员建议将价格定在4角7分到4角8分之间。但鲍洛奇却将价格定在5角9分，一下提高了20%！鲍洛奇向销售人员解释说，5角钱以下的类似商品已经很多了，顾客们已经感觉不到各种商品之间有什么区别，并在心理上潜意识地认为它们都是平庸的商品。如果价格定在4角9分，顾客自然会将之划入平庸之列，而且还认为你的价格已尽可能地定高，你已经占尽了便宜，甚至产生一种受欺骗的感觉；若你的产品价格定在5角以上，立即就会被顾客划入不同凡响的高级货一类；定价至5角9分，既给人感觉与普通货的价格有明显差别，品质也有明显差别，还给人感觉这是高级货中不能再低的价格了，从而使顾客觉得厂商很关照他们，顾客反而觉得自己占了便宜。经鲍洛奇这么一解释，大家恍然大悟，但是还有些将信将疑。后来在实际的销售中，鲍洛奇掀起了一场大规模促销行动，口号就是"让一分利给顾客"，更加强化了顾客心中觉得占了便宜的感觉，蔬菜罐头的销售大获全胜。5角9分的高价非但没有吓跑顾客，反倒激起了顾客选购的欲望，公司的营销人员不得不佩服鲍洛奇善于变通的本事。

在走向成功的路上,总是会有各种各样的麻烦。但是我们不能因为那些麻烦而放弃了追求,更不能被胆怯阻碍了前进的脚步。成功与失败之间、幸福与不幸之间,往往只有一步之遥。只要你拥有好的思路,勇敢地面对生活,那么在征服困境之后,你就能享受胜利的甘甜,成功也将为你敞开大门。

2. 既然改变是定律,又何苦死守? ◀

在数亿万年前,恐龙曾经是我们这个地球上最强大、最活跃的物种之一,但不知道什么原因灭绝了,至今没有一个科学家能拿出确切的证据来举证。但有人曾提出一个观点,就是当环境发生剧烈变化的时候,长期安于现状的恐龙缺乏"应变"和"学习"能力,无法改变自己以适应环境的变化。

职场如战场,淘汰本无情,如果一个人在中途倒下,则显示其生存的能力不够强。遗憾的是,在各个工作场所中,仍然有不少的"恐龙式"人物存在。

在工作中,"恐龙族"最大的障碍就是无法适应环境。在他们周围有许多学习新技术、有许多深造的机会,但是他们往往视而不见,根本无心寻求新的突破。

工作与生活永远是变化无穷的,我们每天都可能面临改变,新的产品和新服务不断上市,新技术不断被引进,新的任务被交付……这些改变,也许微小,也许剧烈。但每一次改变,都需要我们调整自我重新适应。

面对改变,意味着对某些旧习惯和老状态的挑战,如果你固守着过去的行为与思考模式,并且相信"我就是这个样子",那么,尝试新事物就会威胁到你的安全感。

客观地说,随遇而安、过一种普普通通的生活也是一种人生,因为我们大多数人都是这样度过的。但是,如果总是随遇而安,把所谓的生活安全感放在人生的第一位,久而久之,我们就会产生一种惰性,机会来到面前也把握不住。

天地间没有不变的事情,万事万物随时而变,随地而变,随社会的发展而变,随人的生理、情感、观念而变。既然改变已成一种定律,我们又何苦死守?不如顺应这种改变的大潮,完善自己。

众所周知,艺人常常会变换自己的工作环境,如果不能很好地适应,那么无疑会影响他们的发展。职场中也是一样的,你必须想办法适应环境的变化,跟着公司的发展形势"玩"出新花样,想出新东西,创造出新玩意儿。也就是说,工作中如果不能适应环境,就没有出路,就很难得到发展。不发展,别人进步了,就意味着你落后,意味着你会被人超越,意味着你会被社会淘汰,甚至意味着被别人取而代之!

与此相反,假如你今天改变了、创新了,明天不仅不会被淘汰,反而会走在时代的前沿。

20世纪70年代,多元化成了全世界最流行的词语:世界多元化、国家多元化、关系多元化……各个企业为了迎接这股时髦的浪潮,也提出了很多多元化的经营战略。

我们所熟知的迪士尼,并不是以迪士尼乐园起家,公司的赢利来源也不仅仅是主题乐园,而是以影视娱乐业为源头,媒体网络、主题公园和消费产品三大产业为延伸的多元产业层级赢利体系。

开始,迪士尼制作动画、影视片,如《白雪公主和七个小矮人》《人猿泰山》等,通过发行出售,赚取第一轮利润;再通过媒体网络,如美国全国广播公司ABC以及有线电视网ESPN等, 赚取第二轮利润。在这两轮利润赚取的过程中,又为第三轮、第四轮利润做了铺垫:通过把电影和动画片里看到的故事变成可玩、可游、可感的游乐园(迪士尼乐园),赚取第三轮利润;通过玩具、文具等消费品的出售,赚取第四轮利润。此外,迪士尼还为米老鼠、唐老鸭、皮特狗等卡通形象申请专利,在法律保护下进行特许经营开发,获取利润。

由此可以看出,在共同品牌的引领下,产业的多元化增加了赢利点,极大地发挥了品牌与产业互动的乘数效应,使迪士尼最终走向了成功。

20世纪80年代,我国的企业也开始朝着多元化的方向迈进。它们积极打破原有的保守思维,通过跨国集团的方式融汇资金,通过与别国的集团公司签订合作协议来填补自己在技术上的缺陷,积极改掉单一的经营方式,并且处处寻找最大的利益点,在多方面完善自己,增强自己在国际经济舞台上的影响力。

其实,所有的成功都是多元化的。我们常说,一个能够高瞻远瞩的团队,一定具有很强的实战经验,其实这就是一种多元化的体现。因为在丰富自己的同时,这个团队很可能因此涉猎更多的领域,或者在同一领域里做了不同的事情,加强了各个方面的知识、能力的储备。虽然不是每一个领域都精通,但是因为有所了解,就可以在需要的时候灵活运用。

著名主持人杨澜离开央视去美国哥伦比亚大学留学时,班上有很多同学就来自国际家庭,譬如爷爷是西班牙人,奶奶是匈牙利人,爸爸从阿根廷来,妈妈在纽约上班,他们这种独特的家庭背景让杨澜意识到自己文化传统所带来的先天盲点:"我发现世界上原本有各种各样的人、各种各样的思维方法,同样的事物有来自于不同角度的各式各样的看法。从此,我不再那么自以为是,不再以为自己以前一贯接受的观点肯定是正确的了。"

开放自己的眼界,接受别人的思想,很多种观念的碰撞,就是多元化的重要表现形式。

企业在发展中不能一直打保守战,以为只有自己的发展方向是对的、自己的管理模式是最好的,丝毫不去参考别人的经营模式。这是一个信息爆炸的时代,地球已经变成了"村落",如果固守旧思想,坚持走单一的发展路线,那么我们将很快被激烈的竞争淘汰。

个人同样需要开放思想，多向别人学习。但是在日常生活中，人们会利用各种规则来限制我们的思维发散。我们发现，很多大学生及研究生等受过高等教育的人，仿佛是一个模子里刻出来的，都是单一化的思路。

当前社会，一元化的人才太多了。我们都知道，不是社会不需要人才，而是社会不需要太多单一化的人才。所以，为了我们的前途与发展，请打开你的思维，让多元化的阳光照进你的心灵，这样你才能真正实现自身的价值，获得成功。

3. 此路风景独好，彼路风景更胜 ◀

古罗马有一句俗语是"条条大路通罗马"。关于这句话，有这样一个小典故。罗马城作为当时地跨亚非欧的罗马帝国的经济、政治和文化中心，频繁的对外贸易和文化交流使得大量外国商人和朝圣者络绎不绝。罗马统治者为了加强对罗马城的管理，修建了一条条大道。它们以罗马为中心，通向四面八方。据说人们无论是从意大利半岛的某一个地方还是欧洲的任何一条大道开始旅行，只要不停地往前走，都能成功抵达罗马城。而现在"条条大路通罗马"是形容到达一个目的地方法多种多样，我们在实现目标过程中会有多种选择。

无论是在追求梦想的道路上，还是在日夜奔波的生活中，我们常常会遇到"此路不通"的尴尬境地，但是变化已经存在，我们就只能去适应变化，调整自己。

一位母亲列了一份清单让自己的孩子出门买各种杂粮，并在孩子临走时给了他几个装米的袋子。

孩子来到粮店,依照购买清单一一过目,这才发现少了一个袋子。清单上详细地写了大米、小米、高粱和玉米四种粮食,而母亲就给了三个袋子。孩子没有多余的钱买布袋,也就没办法买全所有的粮食,于是就只装满了三个袋子回家了。

归来后,孩子一进门就抱怨母亲不仔细检查布袋,以至于让自己还要再跑一趟,买剩下的玉米。母亲笑了笑:"你不会找老板要一根绳,然后把装的少的布袋从中间扎牢,那么上面一层不就可以装玉米了?实在没想到的话,你还可以再买一个布袋装玉米啊?"孩子反驳说没有多余的钱买布袋。母亲又笑了笑:"傻儿子,你不会少要一斤米啊? 这样不就能买布袋了吗?"

孩子一听傻了眼,又羞又恼地去买玉米了。

在问题面前,我们要想办法解决。一种办法解决不了,我们还可以想其他办法。最重要的是在遇到问题时不能循规蹈矩,墨守成规,一头钻进死胡同。要学会转换思路,改变角度,那样你会发现解决问题其实一点也不难。

我们必须意识到变化随时随地都有可能发生。我们不但要适应变化,适时调整,还要学会预见变化,做好迎接挑战的准备。

"此路不通彼路通,此路风景独好,彼路风景更胜。"事实上,我们之所以会执着于此路而停滞不前,是因为我们的固有思维认为那是最顺畅、最好的一条路。惯性思维方式让我们错过了许多宽敞顺畅的大路,也错过了许多别样的美丽风景。

"观光电梯"的发明其实很偶然,它的创意是在一次增设电梯的工程中闪现的。

因为人流量的加大,原本的电梯已不能满足人们的使用需求,美国摩天大厦出现了严重的拥堵问题。为了尽快解决这一问题,工程师建议大厦尽快停业整修,直到将新的电梯修好为止。这个建议很快得到了上层领导的认可并被付诸行动。当电梯工程师和大厦建筑师们做好了一切准备工作,开始要穿凿楼层时,一位大厦里的清洁工在询问情况时激发了工程师们的创意。

"你们得把各层的地板都凿开吗?"清洁工问道。工程师向她解释,如果不凿开,那就没法装入新的电梯。

"那大厦岂不是要停业很久?"清洁工又问道。工程师无奈地点头:"每天的拥堵情况你也看到,我们没有别的办法,也不能再耽误了,否则情况更糟。"

清洁工不经意地随口说道:"要是我,我就把电梯装到外面去。"

这个看似不经意的建议,其实蕴含了无限大的智慧。也许身为清洁工的当事人并没有察觉到她的一句玩笑话会成为工程师们的创意亮点。于是世界上第一座"观光电梯"就这样孕育而生了。

专业工程师为了解决大厦拥堵的状况,决定在大厦内再安装一架电梯,这一方案可谓吃力不讨好。而另一个方案不仅解决了问题,缩小了大厦停业的可能性,而且还创造出了有观景作用的电梯。所以这条路不仅解决了问题,而且还能使人们欣赏到最美的风景。

为什么工程师们的专业眼光就产生不了这一奇妙的创意呢?根本原因就在于这些工程师早已束缚在一成不变的建筑知识体系当中,形成了一套固有的思维方式。我们每个人都应避免这种思维方式对处理问题的束缚,这样才能发现更好的解决方法。

获得成功的途径是多种多样的,并不是鲁迅弃医从文才会获得成功,以他的伟大人格和深厚知识来说,即使他继续学医,往后未必不是另一个"白求恩"。像天才达·芬奇,他的建树不仅在于艺术绘画等方面,而且在天文、物理、医学、建筑、水利和地质等方面都有一些重要的成就,成为后世学科研究的最好参照。

每一条路都能通往成功,唯一不同的只是这些路的艰险情况。正如"条条大路通罗马"一样,在不同的行业里,用不同的奋斗方式,都能使我们获得成功。"此路不通"的情况只存在于路标牌中,通过绕行,我们最终仍能殊途同归。

4. 举一反三,摸着石头过河 ◀

遇到困难,人们总喜欢以顺势思维去思考,希望在相同的领域里摸索到能够解决问题的方法,但有时却根本满足不了我们的需求,我们完全可以试着从其他的领域找方法。

人与人之间、事物与事物之间都存在着很多相似点,虽然表现的方式是不同的,但是只要你有一双善于发现的眼睛,你就可以找到他们的共同点,从而刺激大脑,找到解决问题的思路。

300多年前,一位奥地利医生给一个胸腔有疾的人看病,由于当时技术落后,医生无法发现病因,病人不治而亡。后来经尸体解剖,才知道死者的胸腔已经发炎化脓,而且胸腔内积水。这位医生非常自责,决心要研究判断胸腔积水的方法,但始终不得其解。恰好,这位医生的父亲是个酒商,他不但能识别酒的好坏,而且不用开桶,只要用手指敲敲酒桶,就能估量出桶里面有多少酒。医生由此联想到,人的胸腔不是和酒桶有相似之处吗?父亲既然能通过敲酒桶发出的声音判断桶里有多少酒,那么,如果人的胸腔内积了水,敲起来的声音也一定和正常人不一样。此后,这个医生再给病人检查胸部时,就用手敲敲听听。他通过对比许多病人和正常人的胸部的敲击声,终于能从几个部位的敲击声中,诊断出胸腔是否有病,这种诊断方法现代医学称为"叩诊法"。

后来,这种"叩诊法"得到进一步发展。1861年,法国男医生雷克给一位心脏病妇女看病时,非常为难。正在此时,他忽然想起了一种儿童游戏。孩子们在一棵圆木的一头用针乱划,另一头用耳朵贴近圆木能听到刮削声。由此,他有了主意。他请人拿来一张纸,把纸紧紧卷成一个圆筒,一端放在那妇人的心脏部位,另一端贴在自己的耳朵上,果然听到病人的心脏的跳动声,而且效果很好。后来,他就将卷纸改成小圆木,再改成橡皮管,另一头改进为贴在患者胸部能产生共鸣的小盒,就成了现在的听诊器。

摸着石头过河,尽管在探索的过程中我们能够感受到艰难,打破行业的界限也不是一件容易的事情。但是,面临自己解决不了的难题,既然没有更好的方法,那么我们完全可以开拓自己的思路,吸收一些不同的想法和做法,举一反三,让不相同的事物串起来,使不可能变成可能。

在生活中,我们更加需要这种以一点观全局,以此类事物联想到彼类事物的思维方式。特别是在职场中,我们身边的很多人都从事过不同的行业,他们可能会觉得自己的不同经历之间是没有联系的,其实这样的想法是错误的。你现在正做编辑,但是曾经做过的销售工作,就可能为你开拓思路起到一定的作用,你的生活阅历也将是你进行创作的基础;你可能现在正做文员,可是以前的教师职业也能让你感受到文科办公室里的氛围,你的思想会在那个氛围当中得到很好的熏陶……虽然摸着石头过河有一些冒险,但是当你渡过了难关,你就会发现,自己已经从毛毛虫变成了一只翩翩起舞的漂亮蝴蝶。

在企业当中,同样需要将触类旁通运用到极致。众所周知,市场是没有现成的规律可以遵循的,它总是在以飞快的速度变化着。如果我们想要依靠相同领域里的其他人的思想来为自己创造效益,那么无疑我们就是在模仿他人。跟在别人的身后,是不会有什么大发展的,所以我们要走出一条属于自己的道路。但这又十分艰难。人的大脑是有限的,不可能事事都能想到对策,所以我们就要摸着石头过河,利用其他领域的观念,来创造自己的人生价值。

5. 创造力是一生享用不尽的财富 ◀

很多人发现机遇是一种偶然,也是一种必然。因为有的人注定一生不能发现机遇,即便机遇就在眼前。而有的人则注定会发现很多机遇,即便机遇离他很远,他一眼便能看见,这就是平凡者和伟大者的区别。经过分析发现,这种区别的就来自于他们自己的眼光。平凡者的眼光是平凡的,即便看见一些不平常的现象,他们也会习以为常,走马观花匆匆而过。然而就在他习以为常的现象后面,往往躲着他找寻了大半辈子的机遇。而对于那些成功者而言就不一样了,即便是一件平凡不已的事情,在他们眼中都会有不平凡之处,他们能发现藏在这些现象背后的机遇,即便要找寻这个机遇得拐好几个弯,他们也不会错过。

所以, 当一个人处于一种难以解脱的困境或者是在工作中遇到难题时,要善于从原有的思维中跳出来, 换一个角度或者是思维重新去考虑问题,寻求解决之道,因为只有你的"心"变了,你才能迎来新的曙光。

想别人所不能想到的,做别人所不能做到的。就要求你以小事为突破口、在细节处下功夫,在别人没有注意到的地方做足了文章,你才能在与别人的竞争中取得优势。

创新是一个永远不老的话题,创新并不是少数几个天才的权利,每个人都能创新。在细节中创新,就是要敏锐地发现人们没有注意到或未重视的某个领域中的空白、冷门或薄弱环节,改变思维定式,最终将你带入一个全新的境界。

想别人没想到的,做别人没做到的,就要求你特别注意生活中的细节问题。也许某个不经意的举动,就可以使你灵光一现,你便会有所突破走进光明前途中了。

▲

　　古语有"变则通，通则达"的说法，创意是在实践中不断得到提高发展的。学会细心观察，用心观察生活的某个镜头，慢慢地你就会发现世界上的事情总是在变，而能够利用这种变化为自己创造机会、创造成功的人，才会拥有闪亮的人生。例如，怎样使电视看起来更清晰？怎样使沙发坐起来更舒服？怎样使书阅读起来更便捷……需要创新的东西太多，正因如此，创新才使我们的生活变得丰富多彩。

　　有位日本妇女，在用洗衣机洗衣服后发现，衣服上总会沾上一些小棉团之类的东西。有一天，她突然想起小时候在山冈上捕捉蜻蜓的情景。她想，小网可以网住蜻蜓，同样也可以网住那些小棉团。于是她用了3年的时间，边做边想，边想边做。终于在经过无数次的反复实验之后取得了成功。这种小网挂在洗衣机内，那些杂物就清除掉了。由于它构造简单，使用方便，成本低廉，受到大家的欢迎。当然她获得了高额的专利费。你看，只要你留心观察生活，它总会带给你惊喜。

　　一个人潜在的创造力是一生享用不尽的财富，它可以使你战胜任何困难。这些困难并不一定指你所犯的错误或者遭遇的挫折，它们还包括你不知道如何将事情纳入正轨，或者如何解决的一些困难。多数时候，你知道如何解决汽车抛锚的问题，你也知道如何对付经理布置的几乎不可能按期完成的加班任务。所以说，你也具有创造能力，并且有可以把内心的梦想变为现实的所有能力。

　　就此而言，创造力是一种最高的力量，或许你对这种力量没有任何概念，但你却会用到它。创新能力是所有人都具备的能力。只要学会细心观察，慢慢地你就会发现世界上的事情总是在变，而能够利用这种变化为自己创造机会、创造成功的人，就会拥有闪亮的人生。那些被认为是有创新能力的人所拥有的创造力其实仅比你多了一点点。

6. 记得你所做过的那些蠢事，别再做第二次 ◀

世界上没有一个人能保证自己永远不犯错误。对于社会中的每一个人来说，我们应当牢记的一个原则是：不要犯同样的错误。正如那句谚语所说："一只狐狸不能以同一个陷阱捉它两次，驴子绝不会在同样的地点摔倒两次，只有傻瓜才会第二次跌进同一个池塘。"任何人都难免犯错误，不犯错误的人是没有的，聪明的人能够吸取上一次的教训，为防止下一次挫败做好准备；愚蠢的人并不能这样做，仍然在犯与第一次相同的错误。

所谓"吃一堑，长一智"，我们应该从错误中吸取教训，确保下一次不再有同样的错误，人们不应该两次走进同一条死胡同。

有一次，一个猎人捕获了一只能说100种语言的鸟。

这只鸟说："放了我，我将告诉你三条忠告。"

猎人回答说："先告诉我，我保证会放了你。"

鸟说道："第一条忠告是：做事后不要后悔。

"第二条忠告是：如果有人告诉你一件事，你自己认为是不正确的就不要相信。

"第三条忠告是：当你爬不上去时，别费力去爬。"

讲完这三条忠告之后，鸟对猎人说："现在你该放了我吧。"猎人依照刚才所说的将鸟放了。

这只鸟飞起后落在一棵高树上，它向猎人大声叫道："你放了我，你真愚蠢。你并不知道在我的嘴中有一颗十分珍贵的大珍珠，正是这颗珍珠使我这样聪明。"

这个猎人很想再次捕获这只放飞的鸟，他跑到树跟前并开始爬树。但是当爬到一半的时候,他掉了下来并摔断了双腿。

鸟嘲笑他并向他叫道:"傻瓜!我刚才告诉你的忠告你全忘记了。我告诉你一旦做了一件事情就别后悔,而你却后悔放了我。我告诉你如果有人对你讲你认为是不可能的事,就别相信,但你却相信像我这样一只小鸟的嘴中会有一颗很大的宝贵珍珠。我告诉你如果你爬不上某东西时,就别强迫自己去爬,而你却追赶我并试图爬上这棵大树,还掉下去摔断了你的双腿。"

"这句箴言说的就是你:'对聪明人来说,一次教训比蠢人受一百次鞭挞还深刻。'"

说完鸟就飞走了。

这则故事的寓意可谓深刻至极。同样,无论是在生活中还是在工作中,我们经常听到别人的忠告,有时自己也会对别人提出忠告。忠告一般都是从经验教训中总结出来的,目的就是为了避免下一次的错误。因此,我们应该从自己成功与失败的经历中得出经验教训,然后根据实际情况灵活运用,避免犯同样的错误。

下面则是一个深谙自我管理艺术的人物豪威尔的故事,他是美国财经界的领袖,曾担任美国商业信托银行董事长,还兼任几家大公司的董事。他受的正规教育很有限,在一个乡下小店当过店员,后来当过美国钢铁公司信用部经理,并一直朝更大的权力地位迈进。

豪威尔先生讲述他克服危机的秘诀时说:"几年来我一直有个记事本,记录一天中有哪些约会。家人从不指望我周末晚上会在家,因为他们知道,我常把周末晚上留作自我省察,评估我在这一周中的工作表现。晚餐后,我独自一人打开记事本,回顾一周来所有的面谈、讨论及会议过程。我自问,'我当时做错了什么','有什么是正确的,我还能做些什么来改进自己的工作表现','我能从这次经验中吸取什么教训'。这种每周检讨有时弄得我很不开心,有时我几乎不敢相信自己的莽撞。当然,年事渐长,这种情况倒是越来越少,我一直保持这种自我分析的习惯,它对我的帮助非常大。"

豪威尔的做法值得我们每一个人学习,睿智的人知道,不吸取教训,不改正错误,是成不了大业的。

一般人常因他人的批评而愤怒,有智慧的人却想办法从中学习。诗人惠特曼曾说:"你以为只能向喜欢你、仰慕你、赞同你的人学习吗?从反对你的人、批评你的人那儿,不是可以得到更多的教训吗?"

与其等待敌人来攻击我们或我们的工作,倒不如自己先动手。我们可以是自己最严苛的批评家。在别人抓到我们的弱点之前,我们应该自己认清并处理这些弱点,及时完善自己虽然不能保证百战百胜,但至少可以避免敌人用同样的手法轻易地击败自己。

7. 大事留给上帝去抓吧,我们只能注意细节 ◀

上帝存在于细节中。细节就像上帝一样伟大,关注细节,就可以做自己的上帝,就可以摆脱平凡走向卓越。

一个墨点足可将白纸玷污,自身一个小小的细节亦会招致别人的厌恶。不要忽视细枝末节的危害性和杀伤力。俗话说,事无巨细,小事情包含着大智慧,把握细节,成功与你有约。天才就是注重细节的人,这就是他们与凡人的最大区别。

世界上最难懂的一个道理就是:最伟大的生命往往是由最细小的事物点点滴滴汇集而成的。绝大多数人很少能有机会遇到那种重大的转折,很少有机会能够开创宏伟的事业。而生活的溪流往往是由这些琐碎的事情、无足轻重的事件以及那些过后不留一丝痕迹的细微经验渐渐汇集成的,也正是它们才构成了生命的全部内涵。

一艘小船沉没了,却使华盛顿因此而生在了美国;一个矿工在挖井的偶然事故中发现了赫库兰尼姆古城遗址;航海、冒险中的一次大错竟然发现了马德拉群岛……

17世纪法国著名数学家和哲学家笛卡尔,在很长一段时间内,都在思考这样一个有趣的问题:几何图形是形象的,代数方程是抽象的,能不能将这两门学问统一起来,用几何图形来表示代数方程,用代数方程来解决几何问题呢?

果真如此,既可以避免几何学的过分注重证明的方法、技巧,不利于提高想象力;也可以避免代数学过分受法则和公式的束缚,影响思维的灵活性。二者的有机结合,将使几何图形的"点、线、面"同代数方程的"数"联系起来。

为了能够尽快地解决这一问题,他日思夜想,"为伊消得人憔悴"。

有一天早晨,笛卡尔睁开眼发现一只苍蝇正在天花板上爬动,他躺在床上耐心地看着,忽然头脑中冒出这样一个念头:这只来回爬动的苍蝇不正是一个移动的"点"吗? 这墙和天花板不就是"面",墙和天花板的连接的角不就是"线"吗? 苍蝇这"点"距"线"和"面"的距离显然是可以计算出来的。

笛卡尔想到这里,情不自禁一跃而起,找来笔纸,迅速画出三条相互垂直的线,用它表示两堵墙与天花板相连接的角,又画了一个点表示来回移动的苍蝇,然后用X和Y分别代表苍蝇到两堵墙之间的距离,用Z来代表苍蝇到天花板的距离。

后来笛卡尔对自己设计的这张形象直观的"图"进行反复思考研究,终于形成这样的认识:只要在图上找到任何一点,都可以用一组数据来表示它与另外那三条数轴的数量关系。同时,只要有了任何一组像以上这样的三个数据,也都可以在空间上找到一个点。这样,数和形之间便稳定地建立了一一对应关系。

于是，数学领域中的一个重要分支——解析几何学，在此基础上创立了。他的这套数学理论体系，引发了数学史上的一场深刻革命，有效地解决了生产和科学技术上的许多难题，并为微积分的创立奠定了坚实的基础。

通过天花板上苍蝇来回爬动这种常见现象，笛卡尔竟然得到灵感创建了解析几何，为整个人类做出了杰出的贡献。

但是，许多人却认为，伟人就是只做惊天动地的大事情的人。他们即使失败也是倒在轰轰烈烈的错误面前。

那些对自己的本性毫无认识，永远不屑于做细微之事的人，永远成就不了任何大的功业。

要想工作不流于一般，人们应该学会在细节处下功夫。

有时候，公司老板或业务员要出差，便会安排员工去买车票，这看似很简单的一件事，却可以反映出不同的人对工作的不同态度及工作能力上的差别，也可以大概推测出今后工作的前途。

有这样两位秘书，一位将车票买来，就那么一大把地交上去，杂乱无章，易丢失，不易查清时刻；另一位却将车票装进一个大信封，并且，在信封上写明列车车次、号位及启程、到达时刻。后一位秘书是个细心人，虽然她只是注意了几个细节处，只在信封上写上几个字，却使人省事不少。按照命令去买车票，这只是"一个平常人"的工作，但是一个会工作的人，一定会想到该怎么做，要怎么做，才会令人更满意、更方便，这也就是用心，注意细节的问题了。

工作上细节不容忽视。注意细节所做出来的工作一定能抓住人心，虽然在当时无法引起人的注意，但久而久之，这种工作态度形成习惯后，一定会给你带来巨大的收益。这种细心的工作态度，是由对一件工作重视的态度而产生的，对再细小的事也不掉以轻心，专注地去做才会产生。会成为大人物的人，即使要他去收发室做整理信件的工作，他的做法也会跟别人有所不同。这种注重细微环节的态度,就是使自己的前途得以发展的保证。

一部名为《细节》的小说,其题记为:"大事留给上帝去抓吧,我们只能注意细节。"作者还借小说主人公的话做了脚注:"这世界上所有伟大的壮举都不如生活在一个真实的细节里来得有意义。"

细节,就是小节,它不仅具有艺术的真实,而且更具有生活的真实。也许是生活的真实造就了艺术的真实,我们读书时,总被作家笔下的细节,如人物的心理、动作、语言所打动。

生活就像根无限拉长的链条,细节如链条上的链扣,没有链扣,哪有链条?历史就像日夜奔腾的江河,细节如江河的支流,没有支流,哪有江河?

回味生活,翻阅历史,为什么不从真实的细节做起?如果人们的头上三尺真的有神灵的话,它绝不只把大事留给自己,而把小节留给人类。因为神灵也知道,拥有小节,把上帝留在身边,你终究会成就大事!

第六章

人生总是充满了矛盾和缺憾,我们常常会发现,自己感兴趣的职业,其发展空间有限;那些存在着巨大发展空间的行业却往往并不适合自己。但是,毕竟我们的兴趣是广泛的,而且有许多潜能尚未被开发出来,社会能够提供的职业空间也在不断扩充。只要我们有足够的耐心,就能在兴趣、前途和适合自己的职业之间找到某种平衡。

1. 投简历前，先明确自己的价值观 ◀

价值观是人们希望获得哪些结果的一种抽象说法。它揭示了人们看待工作或职业回报、薪酬或其他问题的不同态度。

各种职业都有自己的特性。不同的人对职业的特性可能有不同的评价和取向，这就是所谓的职业价值观，也称择业观。价值观对人的一生有着重要的影响。作为人们对待职业的一种信念和态度，职业价值观往往决定了人们的职业期望，影响着人们对职业方向和职业目标的选择。

职业生涯规划中，我们常常需要做出这些选择：是要工作舒适轻松，还是要高标准的工资待遇；要成就一番事业，还是要安稳太平。当两者有矛盾冲突时，最终影响我们决策的是存在于内心的职业价值观。可见，价值观对职业生涯的影响是高层的、深远的。

张大亮在一家知名大公司工作，有着高职位、高工资和高待遇。可是后来他选择自己创业当老板。他觉得，在公司里整日疲于应付、平衡各种人际关系，使得自己身心疲惫，没有了做事的激情，始终有种挫败感。因此，这个在别人看来十分诱人的工作对他而言就变得毫无意义，他最终选择了离开。

这个事例说明，当选择工作时，你实际上是在选择一种价值体系，在选择处理人际关系的方式和生活方式。

当你的价值观和你的工作相吻合时，你会觉得自己的工作很有意义，反之，你会觉得缺少些什么。而且这种失落感通常是金钱、权力、名誉等外在事物所不能弥补的。因此，我们选择去留，看上去是为了经济利益，其实根本上是价值观在起作用。

▲

不同时代、不同制度环境甚至不同的自然条件下人们都会有不同的职业价值观，即使以上条件相同，不同的人也会因为各自的成长环境、教育背景、个性追求等差异而形成不同的职业价值观。作为人们对职业的一种信念和态度，职业价值观往往决定了人们的职业期望，影响着人们对职业方向和目标的选择。

三个工人正在砌一堵墙。有人过来问他们："你们在干什么呢？"

第一个人没好气地说："没看见吗？在砌墙。"

第二个人抬头笑了笑，说："我们在盖一座高楼。"

第三个人边干边哼着歌曲，他的笑容很灿烂，很开心："我们正在建设一个新的城市。"

10年后，第一个人在另一个工地砌墙；第二个人坐在办公室里绘图纸，他成了工程师；第三个人呢，是前面两个人的老板。

同样的工作，同样的环境，因为价值观不同，所以每个人产生了不同的感受，这也决定了他们未来的成就。这个故事告诉我们，一定要找到与自己价值观相契合的职业，那样你才能在工作中寄托自己的理想，从中实现自己的价值。

现实生活中，许多人都面临着两难困境：他们所从事的职业收入丰厚，但是却痛恨自己所贩卖的产品或提供的服务。这种人生价值和工作价值的冲突，使我们的身心和工作都受到了伤害。唯一的解决方式就是寻找一种职业，让它与你所拥有的价值观相互协调。如同公司需要长远发展战略一样，个人也需要目光远大，以便使我们的未来能够保持平衡，拥有足够的活力。

职业价值观也叫工作价值观，是价值观在所从事的职业上的体现，或者在职业生涯中表现出来的一种价值取向。职业价值观是个人对某项职业的价值判断和希望从事某项职业的态度倾向，即个人对某项职业的希望、愿望和向往。

职业价值观表明了一个人通过工作想要追求的理想是什么，是为了财富，还是为了地位或其他因素。不同的人有不同的价值观念，而不同的价值观念适合从事不同的职业或岗位。如果在制定职业生涯规划选择职业时，没有考虑自己的价值观念，选择了不适合自己的职业，也就很难在这个岗位上工作下去，当然也就谈不上事业发展的成功。因此，认真分析和了解自己的职业价值观，对正确开展职业生涯规划有重要的意义。

工作价值观通常都是与某种职业紧密相连的，并且工作价值观也可以作为你和工作之间进行匹配的基础。

你在确定职业方向时，可以进行以下测试：

请试着把下面6组进行排序，这可以帮你了解如何利用价值标准中的观点，对职业的具体内容及要求进行分析。

成功

如果你的满足感来自于"成功"这个价值，那么你所从事的工作应该是你最擅长的，能让你发挥最大的能力，或者是你曾经接受过专业培训所要做的。在你的工作中，你会看到自己努力的成果。通过频繁开发新项目、得到新奖励，你会从中感受到成功的喜悦。

职业范例：生物学家、药剂师、律师、主编、经济学家、公务员。

认同

如果你的满足感来自于"认同"这个价值，那么你应该寻找那些有好的提升机会、好的声望，并且有潜在的成为领导的机会的工作。

职业范例：大学行政人员、音乐指挥、劳动关系专家、飞机调度员、制片人、技术指导、销售经理。

独立

如果你的满足感来自于"独立"这个价值，那么你应该寻找的是那种靠你的主动性去完成的、能让你自己做主的工作。

职业范例：政治学家、作家、有毒物质研究专家、IT经理、教育协调员、教练。

支持

如果你的满足感来自于"支持"这个价值,那么你要寻找的工作应该是那种成为员工的有力后盾的公司,其主管的管理方式会让员工觉得很舒服。那种公司应该以其令人满意的公平的管理体制而著称。

职业范例:保险代理人、测量技师、变压器修理工、化学工程技师、公益事业经理、防辐射专家。

工作条件

如果你的满足感来自于"工作条件"这个价值,那么在找工作的时候,你应该考虑薪水、工作稳定性,以及良好的工作环境。另外,找工作的时候还要考虑它是否与你的工作模式相适合。比如,你是喜欢整天忙碌,还是喜欢独立工作,又或者喜欢每天都可以做很多不同的事情。

职业范例:保险精算师、按摩师、打字员、心理辅导师、法官、会计师、预算分析员。

人际关系

如果你的满足感来自于"人际关系"这个价值,那么你应该寻找那种同事很友好的工作。这种工作能让你为别人提供服务,不需要你做任何违背你的是非观的事情。

职业范例:人力资源经理、语言教师、牙科医生、牙齿矫正医师、公共健康教师、运动培训师。

总之,我们的价值观决定了我们的生活态度,从而决定了我们的职业取向并导致我们做出各种的职业选择,这种选择决定我们的职业状况从而决定了我们的生活方式,这种生活方式又最后决定了我们的人生幸福感。

2. 在兴趣、前途和职业之间找平衡 ◀

　　许多事业有成的人都有一个共同特点，就是在正确的时间做出正确的决策。这种选择并非因为他们拥有某种特殊的天赋，而是因为他们对自己的人生和事业有一个明确的目标和整体的规划。当今社会，很多人还没有认识到职业规划的重要性，这是因为：他们不知道如何去做；他们觉得这样做太麻烦；他们对自己确定的目标和计划没有信心；他们将目标制定得过于长远，这使短期内看到成果变得不可能，从而导致他们丧失了勇气。

　　每一个刚刚踏入社会的年轻人都必须做出一项重要决定：我将以什么方式来谋生？做一个记者、邮差、企业家、计算机程序员、医生、大学教授，或者摆一个肉饼摊子？我们常常听到类似这样的对话：

　　　　小张："嗨，你学的什么专业？"

　　　　小李："物理学。"

　　　　小张："物理学？哎哟，你实在不该学物理，计算机专业才是热门。"

　　　　小李："可是我喜欢物理学。"

　　　　小张："学物理挣不到什么大钱。"

　　　　小李："是吗？那什么能挣大钱？"

　　　　小张："计算机。你应该改行搞计算机。"

　　　　小李："嗯，以后有机会得学学计算机。"

　　在这种文化氛围下，许多职业选择和职业转换的决定就是用这种方式在一眨眼之间做出的，是在与某人的随意谈话时做出的，或者是追随父母的脚步，听从新闻媒介上的文章的劝导，有时甚至是在男友或女友的怂恿之下做出的。

世界上只有3%的人有自己的目标和计划,并且将其明确地写出来,还有10%的人有目标和计划,但将其留在自己脑子里,剩余的87%的人都随波逐流,不知道自己该向何处去,自己的生活完全被别人掌控着。

一个人从出生到去世,虽然生命长度不同,但是成长的阶段则是差不多的,不同阶段的成长环境,需要由不同的行动来配合,以符合我们的发展,所以我们必须要有"生涯规划"的观念。

的确,职业生涯中充满了不确定性因素,我们无法明确知道明天会发生什么,但是我们在某种程度上可以预测它,使我们的职业生涯不至于偏离现实情况太远。

我们一般都有多种兴趣,我们所面对的选择是如此之多,以至于我们变得无所适从。

很多年轻人渴望了解什么样的职业才算是有前途的职业。对于一个成功的企业家而言,任何一个行业都能创造出丰厚的利润;但对于一个刚刚踏入社会的年轻人来说,选择不同的职业,对于未来积累财富的速度和事业成功的概率会有不同的影响。

我们说一份职业比另一份职业更有前途,意味着从普遍意义上来说,从事这份工作能够使我们获得更多的提升和发展机会,或者收入水平会比做另一份工作更高些。但是,具体到每个人,判断其从事哪一份职业更有前途,情况要复杂得多。

而且当一个人接受"某某职业有前途"这一市场信息,并且按照市场信息去做出自己的职业规划时,另一个人也会同样接收到这个信息,并且做出同样的职业规划。在经过了整个培养和教育周期后,就出现某类职业人才过剩的现象。

职业信息分析报告是用来参考的,而不是用来照搬的。有时候何尝不能逆向而行之,或许能获得意想不到的效果。因此,我们必须谨慎行事,认真去了解我们所接触的每一份职业。选择一个好的行业、一份有前途的职业往往是决定个人成功的关键因素。个人选择一份职业与投资商选择一个行业一样,是一项浩大的工程,必须收集众多信息与资料,加以整理并深入分析,才能做出一个合理的判断。

在选择职业方面,我们要问自己的一个关键问题是:"这个工作适合我吗?"一份职业也许有前途,但是却并不一定适合你。譬如房地产是一个利润颇高的行业,但是,对于一个希望独立创业却缺乏资金的人来说也许并不适合,因为这个行业需要有雄厚的资本和深厚的社会关系。因此,我们不能仅仅分析一个行业的发展前途,更重要的应该分析自己在这个行业里是否有足够的发展空间。

寻找自己所钟爱的职业,依赖于你的热情和现实可行的工作之间的平衡。这样就形成了一个综合的价值评估体系——一个理想的职业本身就不是单一的(譬如个人爱好),而是一个由多种因素组合在一起形成的价值体系。我们将兴趣放在价值判断的第一位,是因为它对于个人未来发展影响深远,而且很容易被忽略的。

任何一个正确的决策都是基于对各种因素的综合平衡考虑,是平衡的产物。我们必须在现实和未来之间,在选择和被选择之间做出无数次决定。

3. "导演"自己的职业生涯 ◄

凡事预则立,不预则废。职业是个人发展的生命线,现代社会许多人在求职时,最容易犯的错误便是不知道自己能干什么,也不清楚自己真正想做什么,在寻找工作时,只是"为了寻找而寻找",在现实的打击之下,这样的人在多年后往往会失去最初的雄心壮志。

▲

一个男孩子在12岁时便成为了家中的"专业摄影师",他首先是使用八厘米摄影机对家人的生活进行记录,在发现其中的乐趣之后,便立即开始试用各种特殊效果,在家人的配合下,他开始进行故事情节编排,并自己搞起了剪辑与配音。

15岁时,他正式告诉自己,未来要成为一名大导演。当年,他完成了一部40分钟的作品——《无处可逃》,来纪念自己理想的树立。

17岁那年,他开始为未来正式铺路。在到一家电影制片厂参观之后,他为自己立下新的目标:拍出最好看的电影。第二天,他穿了一套西装,提着父亲的公文包,里面放了一块三明治作为午餐,再次来到了制片厂。在骗过了警卫后,他在一辆废弃的手推车上,使用塑胶字母拼出了"斯蒂芬·斯皮尔伯格导演"的字样。

之后,他利用所有的闲暇时间去认识各类导演、编剧,并整天以一个导演的标准来要求自己。在与他人的交谈过程中,他开始对电影业产生了新的认识。

20岁那年,他正式成为了一名真正意义上的电影导演,开始了自己大导演的职业生涯。

1975年,他的作品《大白鲨》正式上映。

随后《第三类接触》《ET》的出产,让他成为了全球一流的电影导演。

1994年,在第66届奥斯卡颁奖晚会上,他的作品《侏罗纪公园》《辛德勒的名单》包揽了9项大奖。

他便是国际知名导演——史蒂芬·斯皮尔伯格。多年来,他一直在按照梦想的途径铺就自己的人生。

投身一个职业就如同航海一般,需要明确前进的路径与方向,失去了方向,个人将会在不知所措的奋斗中感到疲惫,从而失去动力。而一旦拥有了明确的方向,便能够集中所有的精力与优势,使用各种方法、策略与手段,孜孜以求地去实现既定的目标。

职业规划的重要性在于,它会使人形成心理上的"路径依赖":行驶在路上的汽车若突然刹车,往往会在惯性的作用下继续前进,随后才会慢慢停止。"路径依赖"表面上就类似于物理学中的"惯性"一般,一旦进入了某一路径中,便会对该路径产生依赖。职场同样如此,一旦你真正做出了某种选择,就如同走向了不归之路一般,惯性的力量会让你的自我选择不断强化,从而真正有机会去以长期不断的努力走向梦想实现的辉煌时刻。

但事实上,大部分人在面对职业规划时,都不明白自己到底想要什么,他们根本没有意识到进行职业规划的重要性。在有关未来命运的工作选择上,他们花费的精力甚至还不如购买一件当季流行服饰多,他们的人生由于毫无方向可言,其结果也往往可想而知。

当你真正下定决心为自己做好职业规划时,你便已经在使用理性的头脑为自己设置通往梦想的路径了,而这一路径将会指引你一步步地实现梦想。

对自我需求进行分析

你可以按以下两种方法来进行自我需求分析:

开动脑筋,写下你认为未来五年间有必要去做的10件事情,并尽量保证在不局限自我、不顾虑太多的情况下让内容更确切。

填充这一句式:"在我死去时,若我……我将毫无遗憾",想象一下这一场景,你便能清楚地知道,怎样的成就会让你获得心灵上的满足。

SWOT(优势/劣势/机遇/挑战)分析

试着对自我性格、所处环境的优劣势进行分析,并想象自己可能会获得哪些机遇,而自己的职业生涯中又将遭遇哪些威胁。

设立长期与短期目标

根据SWOT分析结果对自我进行分析,并具体勾画出长、短期的目标。例如,若你期望自己成为一名讲师、赚许多钱、拥有良好的社会地位,你的职业规划会更加明朗,你可以选择成为管理讲师。在这一长期目标的基础上,你可以制定短期目标,从而逐步实现长期目标。

意识到自我缺点与环境局限

这些缺点与局限是你在实现目标时必须正视的,而且要与你的目标有所联系。这些知识、能力、创造力方面的缺陷,将会令你无法顺利实现目标,而改正它们,则会让你在职业发展道路上更进一步。

进一步明确计划

写下克服以上不足所需的行动计划,这一计划应明确、有期限。比如,在某一时间段内,掌握某些新技能,学习某些新知识。

寻求帮助

寻找自我行为缺陷并不难,难的是改变它们。让周围的亲人、朋友、同事或者专业人士来帮助你,你将会更有效地完成这一步。

分析自我角色

若你拥有明确的实施计划,其中指出了自己要做什么,那么你已经有了一个初步的职业规划方案。如果你现在已有固定工作,进一步提升自我则显得非常重要:公司将对你有什么期望与要求?做出怎样的贡献能让你脱颖而出?思考这些,将会令你更有效地实施职业规划。

一个行之有效的职业生涯规划,需要建立在充分认识自我条件、了解相关环境的基础上,越是对自我环境了解得透彻,越是可以做出良好的职业生涯规划。因为职业规划不仅仅能协助你达成、实现自我目标,更能帮助你真正了解自我。

4.下棋找高手,弄斧到班门 ◀

在求职过程中,你不仅应该是一个伟大的制造商,善于生产社会最需要的产品,而且还应该是一个伟大的推销员,善于使人认识和接受自己的产品,把自己"推销"出去。

很多人因为根深蒂固的传统观念,有一种极其矛盾的心态和难以名状的自我否定、自我折磨的苦楚。在自尊心与自卑感冲撞下,他们一方面具有强烈的表现欲,另一方面又认为过分地出风头是卑贱的行为。但在竞争激烈的今天,想做大事业,必须放弃那些无论得失都不痛不痒的面子,更新观念,大胆地推荐自己。

常言道:"勇猛的老鹰,通常都把它们尖利的爪牙露在外面。"巧妙而适度地推荐自己,是变消极等待为积极争取、加快自我实现的不可忽视的手段。精明的生意人,想把自己的商品推销出去,总得先吸引顾客的注意,让他们知道商品的价值。要想恰如其分地推销自己,就应当学会展示自己,最大限度地表现出自己的优势。给人生的每个阶段一个合理的定位,然后信心十足地为自己创造全方位展示才能的机会。

对于一个刚刚毕业的大学生来说,一定要学会推销自己。如果你和其他同期毕业生一样,只会散发履历表,墨守成规地做事,绝不会有什么出人意料的结果。如果你想短期内就有好消息,你就必须另辟蹊径,敢于推荐自己,对于那些已经工作并有了一定事业基础的人来说,建立一个受公众欢迎的形象是一种长期投资,对事业的长远发展具有不可估量的作用。其中,采用主动引起他人关注的方法就是一种捷径。

我们之所以要主动推荐自己,引起别人的关注,主要是因为机遇是珍贵的、可遇不可求的、稍纵即逝的,如果你能比同样条件的人更为主动一些,机遇就更容易被你掌握。因此,主动出击是俘获机遇的最佳策略。另外,世界上总是伯乐在明处,"千里马"在暗处,并且"千里马"多而伯乐少。伯乐再有眼力,他的精力、智慧和时间都是有限的,等待可能会耽误你的一生。

既然我们都知道"守株待兔"的行为是愚蠢的,那么我们就没有必要去坐等"伯乐"的出现,而应该主动寻找伯乐。更值得注意的一点是,时代在前进,岁月不饶人,随着新人辈出,每个立志成才者都应考虑到自己所付出的时间成本。一次机遇的丧失,便可导致几个月、几年甚至是一辈子年华的逝去。明

▲

白了这个道理,我们就会有一种紧迫感,在行动上便多了几分主动,也就有了更多的机会,让更多的人来注意自己。

但是,毛遂自荐对很多人来说并不是一件容易的事情,这是需要一定的胆识和勇气的。不自信的人、害怕失败的人是不敢尝试的,只有具备勇气的人才能获得成功。

世界著名三大男高音之一帕瓦罗蒂到中国来的时候,要去北京中央音乐学院做访问。学生都在争取机会,以求在这位男高音面前一展歌喉。要知道,这可是一个难得的机会,哪怕是得到他的一句肯定,也足以引起中外记者们的大力宣传,从而加快自己在歌坛的发展。在学院的一间教室里,帕瓦罗蒂正耐心地听学生演唱,不置可否。正在沉闷之时,窗外有一男生引吭高歌,唱的正是名曲《今夜无人入睡》。听到窗外的歌声,帕瓦罗蒂的眉头舒展开了:"这个学生的声音像我。"接着他又对校方陪同人员说:"这个学生叫什么名字?我要见他!并收他做我的学生!"这个在窗外唱歌的男孩就是从陕北山区来的学生黑海涛。以他的资历和背景,难以有机会当面见到帕瓦罗蒂,他只能凭借歌声推荐自己。后来,在帕瓦罗蒂的亲自安排下,黑海涛得以顺利出国深造。1998年,意大利举行世界声乐大赛,正在奥地利学习的黑海涛又写信给帕瓦罗蒂。于是,帕瓦罗蒂亲自给意大利总统写信,推荐他参加音乐大赛,黑海涛在那次大赛上获得名次。黑海涛凭着他那敢于推荐自己的勇气和不断努力的精神,在他的音乐道路上取得了非凡的成就,现在黑海涛是奥地利皇家歌剧院的首席歌唱家。

这似乎是一个奇迹,但这个成功的例子也足以让一些怀才不遇的人沉思:机遇稍纵即逝,善于推荐自己很关键。著名数学家华罗庚也曾说过:"下棋找高手,弄斧到班门。"他认为,应敢于在能人面前表现自己,敢于和高手"试比高"。当他在乡镇小店里自学时,就敢于对大数学家苏家驹的理论提出质疑。正是凭借这种可贵的精神,使他早早闯进了"数学王国"的神秘宫殿。

机会可遇不可求,机会在很多时候是由我们主动争取的,那些不敢也不愿意推荐自己的人,往往会与机会失之交臂。所以,如果你是一个真正有才华有特长的人,关键的时候大可不必过分"压制"自己,要适时地进行自我推荐,以求得发展的机遇。

5. 用上司的心态对待你的工作 ◀

有这样一个故事:

主人公是一个贵族,他要出门到远方去。临行前,他把三个仆人召集起来,按着各人的才干,给他们银子。后来,这个贵族回来了,他把仆人叫到身边,了解他们经商的情况。第一个仆人说:"主人,您交给我5000两银子,我已用它赚了5000两。"主人听了很高兴,赞赏地说:"善良的仆人,你既然在赚钱的事上对我很忠诚,又这样有才能,我要把许多事派给你管理。"第二个仆人接着说:"主人,您交给我的2000两银子,我已用它赚了1000两。"主人也很高兴,赞赏这个仆人说:"我可以把一些事交给你管理。"第三个仆人来到主人面前,打开包得整整齐齐的手绢说:"尊敬的主人,看哪,您的1000两银子还在这里。我把它埋在地里,听说你回来,就把它掘出来了。"主人的脸色沉了下来:"你这个又恶又懒的仆人,你浪费了我的钱!"于是拿回他这1000两银子,给那个已经有10000两银子的仆人,并说:"凡是有的还要加给他;没有的,连他所有的也要夺过来。"

这个仆人认为自己会得到主人的赞赏,因为他没有丢失主人给他的1000两银子。在他看来,虽然没有使用金钱增值,但也没有丢失,就算完成主人交

120

代的任务了。然而他的主人却并不这么认为。他不想让自己的仆人顺其自然,而是希望他们表现得更杰出一些。他想让他们超越平庸,其中两个做到了——他们站在上司的角度上,想上司所想,把赋予自己的东西增值了,只有那个愚蠢的仆人得过且过。

同上司一同成长不是毫无目的地跟随上司。

优秀员工的标准是不仅自己执行成功,还帮助上司执行成功,同上司一起行事,一同完成任务。

帮助上司走向成功有许多方式,但不是拍马屁。

欧阳是一位国际市场部总经理助理。他接到了一项紧急任务,根据上司的笔记,准备好业务进展曲线图表。起草图表时,他注意到上司写道:"美元坚挺,则出口就会增加。"欧阳知道,事实恰恰相反。于是,便通报上司,告知已经纠正了这一错误。

上司很感谢欧阳发现了他的疏忽。当第二天向上呈报图表未出丝毫纰漏后,上司对欧阳做出的努力再次道谢,不久,欧阳发现自己的薪酬有所增加。上司并非全才,在工作中他会遇到许多难题。

这些难题也许不是你的分内工作,可是这些难题的存在却阻碍着团队的前进,如果你能够帮助上司解决这难题,无疑,你在成功的路上会进展得更快。

与此恰恰相反,很多人认为,公司是上司的,我只是替别人工作。工作得再多,再出色,得好处的还是上司,于我何益。存有这种想法的人很容易成为"按钮"式的员工,天天按部就班地工作,缺乏活力,有的甚至趁上司不在没完没了地打私人电话或无所事事地遐想。这种想法和做法无异于在浪费自己的生命,甚至是自毁前程。

怎样才能够把自己当作公司上司的想法表现于行动呢?那就是要比上司更积极主动地工作,对自己所作所为的结果负起责任,并且持续不断地寻找解决问题的办法。照这样坚持下去，你的表现便能达到崭新的境界，为此你必须全力以赴。

比上司工作的时间还要长

不要认为上司整天只是打打电话、喝喝咖啡而已。实际上，他们只要清醒着，头脑中就会思考着公司的行动方向。一天十几个小时的工作时间并不少见，所以不要吝惜自己的私人时间，一到下班时间就率先冲出去的员工不会得到上司喜欢的，即使你的付出得不到什么回报，也不要斤斤计较。除了自己分内的工作之外，尽量找机会为公司做出更大的贡献，让公司觉得你物超所值。比如：下班之后还继续在工作岗位上努力，尽力寻找机会增加自己的价值，尽量彰显自己的重要性，使自己不在工作岗位上的时候，公司的运作显得很难进行。

抢先思考

任何工作都存在改进的可能，抢先在上司提出问题之前，已经把答案奉上的行动是最得上司之心的，因为只有这样的职员才真正能减轻上司的精神负担。工作交到上司手上后，他就不用再为此占用大脑，可以腾出空间来思考别的事情了。

事实上，能够做到这一点的人并不多。也许可以说，能长期有本事跟上司在工作上竞赛，而且有本事把对方击败的，也差不多可以够得上资格当上司了。

为此，要成为上司的心腹，即使不能每一次都比上司反应得快，但最低限度要有一半以上的次数不要让他比下去。上司在知道你不是他的对手时，就很自然地会对你信任起来，此所谓"识英雄者重英雄"，再棒的上司都需要有人才在身边的。

什么样的心态将决定我们过什么样的生活。当你具备了上司的心态，你就会去考虑企业的成长，就会去考虑企业的明天，就会感觉到企业的事情就是自己的事情，就知道什么是自己应该去做的、什么是自己不应该去做的，就会像上司一样去思考，就会像上司一样去行动。

唯有心态端正了,你才会感觉到自己的存在;

唯有心态端正了,你才会感觉到生活与工作的快乐;

唯有心态端正了,你才会感觉到自己所做的一切都是那么理所当然。

以上司的心态对待公司的人,不管他从事什么样的工作,都会比那些只具备打工者心态的人更容易走向成功。

6. 不是职场不公平,而是你不成熟 ◀

职场中似乎总是充满了各种不公平,激起我们的负面情绪,阻碍工作的积极性。

世界上没有绝对的公平,尤其是在职场中,面对纷杂的人际关系和利益冲突,被批评、受委屈在所难免。生气发火于事无补,那就学会幽默智慧地应对吧。

由于认知条件、信息误导、沟通不畅以及小人谗言等因素,在职场工作的每一个员工都可能被老板、上司误解。比如,被冤枉,被栽赃,不被理解,同事的失误导致自己被牵连,别人的过错却被老板、上司归在我们的身上等,每个人都有过这样的时候,谁都不是特例。

关键是,这个时候我们要学会正确对待。我们可以通过各种方式去消除误解,但是,如果我们不能正确地对待,而在内心里怨恨老板、上司,那么矛盾可能会越来越深。

我们身边的绝大多数人包括我们的老板或者公司领导也是普通人,和我们大多数人一样,他们并不是特别恶劣地想要骗人的阴险家伙,等我们当了领导或许我们还不如他们,当我们觉得他们恶劣的时候,问题不一定全在他们身上。

人在职场，很多时候不得不承受一些委屈，比如，在工作中，本来一直尽心尽责，却因为某些客观的，或者其他人的人为原因而造成我们的工作出现问题，老板却把问题算在了我们的头上，这样的委屈经常发生。解决这样的问题，首先要从自己身上找找原因，或许也有我们自己的问题。

不过，误会和冤枉自然是应该有底线的，如果事件严重，影响到了公司的利益问题、形象问题，让老板或上司对自己产生很大失望和怀疑的时候，就一定要维护自己的声誉和利益了。因为如果这种误解或冤枉不能及时消除，可能会给我们造成心理压力和精神负担，还有可能会影响到我们的晋升，严重损害上下级关系。因此，面对老板或上司的误解，控制好自己的情绪，坦然面对并及时消除误解，这一点最重要。所以，要找到适当的机会，通过语言的沟通或行动上的表现为自己消除误解。

但更关键的是，我们不能只知道抱怨老板或上司，却不反省自己。忠实履行日常工作职责，全力以赴、尽职尽责地做好目前所做的工作，才能使我们渐渐地获得价值提升。只要我们把自己的工作做得比别人更完美，凡是正直的老板或上司，都一定会改变对我们的偏见。

由于各种原因，老板或上司可能误解我们，但是我们要理解老板或上司对问题的真正想法，不要再误解他们，使我们的下一步工作走到他们要求的反面。有时候，老板或上司对我们表现出来的误解，也许是他们对我们的一种考验，也许是一时的情绪反映，也许是我们真的做得还有问题，只是我们自己还没有意识到而已。

所以，一方面，我们要多从自身找原因；另一方面，我们要充分了解自己，有自知之明。什么话该说，什么事情该做，我们自己心里要有一个标准，这样会减少一些别人的误解。

中国人常说："人贵有自知之明。"这实际上是说，社会生活中的每个人都应当对自己的素质、潜能、特长、缺陷、经验等各种基本能力有一个清醒的认识，对自己在社会工作生活中可能扮演的角色有一个明确的定位。心理学上把这种有自知之明的能力称为"自觉"，这通常包括察觉自己的情绪对言行的

▲

影响,了解并正确评估自己的资质、能力与局限,相信自己的价值和能力等几个方面。

有自知之明的人既能够在他人面前展示自己的特长,也不会刻意掩盖自己的缺点。谈及自己的不足而向他人求教不但不会降低了自己,反而可以表示出自己虚心和自信,赢得他人的青睐。

能够正确地认识自己,正确理解老板、上司的意图,处理好与同事之间的人际关系,站在老板的角度去想问题、做工作,积极主动地把工作做圆满,我们就会少一些误解。要记住,帮助老板或上司成功是自己成功的最好方法。

虽然面对办公室里的不公平,我们不可以抱怨,但我们是不是除了无可奈何就什么都不能做了呢? 不是,我们能做的还有很多:

不可能事事公平,所以不必过于苛求

要知道,阳光公平地洒向大地,却还是有地方被阴影覆盖。公平是一种理想状态,但却不是一直存在的。过于苛求公平的人只是自寻烦恼。

有时候不是不公平,是你不够成熟

总有人觉得自己埋头苦干却没有那些"溜须拍马"的人得到的多,其实这是一种职场生存的技能,只是你没有学会而已。

与其抱怨不公平,不如努力找原因

当你觉得自己没有评上优秀员工的时候,为什么不多找找自己身上的原因,也许是某一点小小的因素掩盖了你的努力呢。

世界上没有绝对的公平,所以当我们生气地咒骂办公室环境不公平的时候,不妨换一个角度来想,为什么我会遇到不公平。发现原因,再去改变它,岂不是比你怨天尤人好得多?

所以,面对不公平,我们的态度应该是:坦然面对它! 努力适应它! 力争改变它! 作为一个成熟的职场人,要时时刻刻明白这一点,以平常心、进取心来改变自己的生活和工作,这样才能通向成功的彼岸。

7. 成为你自己,做个"好用"的人　　◀

一个企业,如果没有自己的拳头产品,不能占据一定的市场份额,没有跟得上时代步伐的核心技术,必然难以生存下去,最终必然走向灭亡。

一个员工,如果没有自己的专长,没有老板需要的核心技能,没有公司需要的价值,不能跟上职场发展的需要,则很容易被边缘化。

在竞争激烈的市场中,每个企业都要有自己的独特优势,这样才能在大浪淘沙、优胜劣汰的竞争环境中取胜。同样,作为一名员工,要想做到不可替代,要想成为老板眼里的红人,要想从职场跑龙套的向职场主角转变,也应该打造自己的核心优势。

15世纪末文艺复兴时期,欧洲开始涌现一批著名的艺术家,他们在建筑、绘画、雕刻、音乐等方面创造了不朽的名作,当时,能否出人头地,一切都在于艺术家本人能否找到一个好的赞助人。

米开朗基罗以其优秀的"硬件"被教皇朱里十二世选为赞助对象,负责教堂的壁画设计及绘制。一次,在关于大理石柱的雕刻问题上,两人产生了严重的意见分歧,米开朗基罗觉得自己的作品没有得到教皇的充分重视,愤怒之下扬言要离开罗马。

很多人都为米开朗基罗冒犯了教皇而担忧,所有人都不愿看到他因一时的冲动自毁前程。然而,事实恰恰相反,教皇非但没有惩罚米开朗基罗,还极力请求他留下来,因为教皇清楚地知道,像米开朗基罗这样的天才艺术家不乏赞助者赞助,而他却无法找到另一位米开朗基罗。

米开朗基罗在设计和绘画方面的优势无可替代,决定了他在教皇心中的地位坚不可摧。

▲

职场中亦是如此，让一切在自己的掌控之中，让自己的技能无可取代，自然就会受到上司的器重，使自己立于不败之地。

听过一个著名的故事：日本东京一家贸易公司与德国一家公司有贸易往来，德国公司的经理经常需要买东京到大阪之间的火车票。不久，这位经理发现一件趣事：每次去大阪时，座位总在右窗口，返回时又总在左窗边。

经理询问日本公司的购票小姐其中的缘故，她笑答道："车去大阪时，富士山在您右边；返回东京时，富士山已到了您的左边。我想外国人都喜欢富士山的壮丽景色，所以我替您买了不同的车票。"

就是这种不起眼的细心事，使这位德国经理十分感动，促使他将对这家日本公司的贸易额由400万马克提高到1200万马克。他认为：在这样一件微不足道的小事上，这家公司的职员都能够想得这么周到，那么，跟他们做生意还有什么不放心的呢？

这个了不起的职员有什么优势呢？只有细心而已。

优势的概念是非常宽泛的，它并不一定是一种解决工作难题的能力或者掌握某个非常复杂的技术，也可以是生活上的某些特长，比如说有的人很擅长唱歌，有的人很擅长调节气氛等。或者是同一件事，其他人不会，你会，其他人会一点，你会很多，其他人会很多，你可以做得更精致更完美……只要主动开发经营，人人都可以找到自己的优势。只有经营好自己的优势，才能打造出真正的核心竞争力，才会取得成功。

在职场上，与其费尽心思地去改善自己的劣势，还不如努力把自己的优势发挥到极致——套用一句大白话："你要让自己成为一个'好用'的人！"

有一位从国外留学回来的主管，拒绝了上司交代的一项临时性工作，理由是这项任务与她的职位及工作无关。这样的结果让上司很生气，不是因为她的傲慢,而是她对工作的不尽责,既不能勉强她也不能说她错,但又让人感觉很不舒服,从此,上司对这位"海归"的印象大打折扣。

3个月试用期过后,这位自以为能力超群的新进主管被婉言辞退了,虽说辞退书上说是"能力太高,希望其能另谋高就",但真正的理由却是"她在公司内是一个极其'不好用'的人"。虽然她在本分的工作内称职负责,可是当公司有变动、需应急时,她却态度僵硬、置身事外,自然无法与公司同舟共济。

日本知名财经杂志President最先提出"好用"这一新型概念词:在21世纪的新经济时代,"好用"是企业内当红的专业经理人的最大特质——因为"好用"的人态度开放、不自我设限、专长多样,且学习力强、可塑性高、愿意挑战新事物,极富责任感又能以公司的需要为己任。

第七章

停止折磨自己，生活从来不会一蹴而就

有位作家说的一段话很有道理："自己把自己说服，是一种理智的胜利；自己被自己感动了，是一种心灵的升华；自己把自己征服了，是一种人生的成熟。"把自己说服了、感动了、征服了，人生还有什么样的挫折、痛苦、不幸不能被我们征服呢？

1.一口吃不成胖子,只会消化不良 ◀

　　渴望成功的心态谁都能理解,但是你要明白,成就一番事业并不容易,不要一开始就盯着成功不放,做事若急于求成,就会像饥饿的人乍看到食物,狼吞虎咽地吞食,反而会引起消化不良。

　　虚尘禅师以佛法度众,为人谦厚,深得民众拥戴,他每每开坛讲法,都听者众多。

　　有一天,一位商人向虚尘禅师发火:"我听了你的弘法后,诚信经营,薄利多销,顾客在逐渐增多,但为什么我的收入还是不能增加呢?"

　　禅师不急不躁,他微笑着对这位商人说:"有一颗苹果树,它接受了阳光、雨露、养料,春天花开,夏天结果,秋天成熟。成熟的时候,并非所有的苹果都会同时成熟。有些苹果早已熟透了,而有的苹果依旧青青待熟,并非它不会成熟,只是时间还没有到而已。"

　　商人醒悟过来,他明白要想有大成就要慢慢积累。向禅师道歉后,他离开了寺院。

　　一年后,虚尘禅师收到这位商人的一个大红包。他在信中说自己的生意红红火火,以致没有时间亲自到寺院致谢,只好托人送礼以表谢意。

　　太想赢的人,最后往往很难赢。太想成功的人,往往很难成功,太想到达目标的人,往往不容易到达目标,过于注意就是盲,欲速则往往不达,凡事不可急于求成。

　　相反,以淡定的心态对之、处之、行之,以坚持恒久的姿态努力攀登,努力进取,成功的概率却会大大增加。

在山中的庙里,有一个小和尚被派去买菜油。出发之前,庙里的厨师交给他一个大碗,并严厉地警告他:"你一定要小心,最近我们财务状况不是很理想,你绝对不可以把油洒出来。"

小和尚下山买完油,在回寺庙的路上,他想到了厨师凶恶的表情及郑重的告诫,越想越紧张,于是他更加小心翼翼地端着装满油的大碗,一步一步地走在山路上,丝毫不敢左顾右盼。然而天不遂人愿,因为他没有向前看路,结果快到庙门口的时候,踩到了一个洞。虽然没有摔跤,碗里的油却洒掉了三分之一。小和尚懊恼至极,紧张得手都开始发抖,以至于无法把碗端稳。等到回到庙里时,碗中的油就只剩下一半了。

厨师非常生气,指着小和尚骂道:"你这个笨蛋!我不是说要小心吗,为什么还是浪费这么多油?真是气死我了!"小和尚听了很难过,开始掉眼泪。这时,一位老和尚走过来对小他说:"我再派你去买一次油。这次我要你在回来的途中,多看看沿途的风景,回来后把你看到的美景描述给我听。"小和尚很是不安,因为自己非常小心都还端不好,要是边看风景边走,更不可能完成任务了。不过在老和尚的坚持下,他勉强上路了。

在这次回来的途中,小和尚听从老和尚的意见,观察起沿途的风景,这时,他惊奇地发现山路上的风景如此美丽:远处是雄伟的山峰,山腰上有农夫在梯田上耕种,一群小孩子在路边快乐地玩,鸟儿轻唱,轻风拂面……

在美景的陪伴中,小和尚不知不觉就回到庙里了。当小和尚把油交给厨师时,他发现碗里的油还装得满满的,一点都没有洒。

急于求成的结果,只能适得其反,结果只能功亏一篑。"揠苗助长"的故事中,农夫急功近利,反而适得其反,使他的苗全部死了,留下一个流传千古的笑话。许多事业都必须有一个痛苦挣扎、奋斗的过程,正是这个过程将你锻炼得无比坚强并成熟起来。朱熹说:"宁详毋略,宁近毋远,宁下毋高,宁拙毋巧。"对"欲速则不达"做了最好的诠释。

2. 不磨刀, 等于没有刀　　　　　　　　　　　◀

准备的程度决定着你前进的距离, 走在最前面的, 总是那些有准备的人。

有一位勤劳的伐木工人, 被指令砍伐100棵树。接受任务以后, 他毫不拖延地投入到了工作当中, 每天工作10个小时。可是渐渐地, 他发觉自己砍伐的数量在一天天减少。他开始想, 一定是自己工作的时间还不够长, 于是除了睡觉和吃饭以外, 其余的时间他都用来伐树, 一天要工作12个小时。但他每天砍伐的数量反而有减无增, 他陷入了深深的困惑之中。

一天, 他把这个困惑告诉了主管, 主管看了看他, 再看了看他手中的斧头, 若有所悟地说:"你是否每天用这把斧头伐树呢?"工人认真地说:"当然了, 没有它我可什么也干不了。"主管接着问道:"那你有没有磨利这把斧头呢?"工人的回答是:"我每天勤奋工作, 伐树的时间都不够用, 哪有时间去干别的。"

听到这里, 主管说:"这就是你伐树数量每天递减的原因。虽然工作热情很高, 但你连工作必需的工具都没有准备好, 又怎么能提高工作效率呢?"

在我们身边, 有很多人像这个伐木工人一样, 总是忘了应该采取必要的准备措施使工作更简单、更快捷。你又怎么能指望他们高效高质地执行好任务呢! 要知道, 在信息时代的今天, 不磨刀就等于没有刀!

在企业中, 总是有50%的指令被变通执行或打了折扣执行; 30%的指令有始无终, 最后不了了之; 15%的指令根本没有执行, 也就是说, 实际上只有5%的指令真正发挥了作用。

其实, 问题就是出在了准备上。现在, 让我们看一看3个员工对待同一个指令的3种不同结果。

某家大型企业集团的采购部经理脾气暴躁，盛气凌人，许多想向他推销产品的业务员都碰了钉子。有一次，他到某个城市出差，一个办公设备生产企业的销售主管知道后，决定派员工A去拜访他，把企业的产品推销出去。由于这位经理只在这个城市停留一周，所以销售主管希望能在他回去之前草签一个合作意向。A接受了任务后，心想：这个经理不好打交道是出了名的，许多公司的人都被他整得下不了台，给的时间又这么短，我肯定完不成任务，不如想个办法躲过去吧。于是，他第二天并没有去宾馆拜访这位经理，而是在家里舒舒服服地休息了一天。第三天一早，他回到公司，对主管说："咱们得到的消息太晚了，他已经和别的公司签订了合同，这个客户只能放弃了。"

主管听说后感到非常失望，但又不甘心丢掉这个大客户，于是决定再派员工B去试试。B接受了任务以后，什么也没有说，把要推销产品的简介往包里一塞，在10分钟之后就赶到了采购经理所住的宾馆，他直接来到了经理的房间，敲开门后马上开始介绍自己的产品。谁知采购经理有睡午觉的习惯，被B吵醒后已经非常愤怒，哪里有心情听他说些什么，一通臭骂将B轰了出去。B并没有泄气，他在宾馆的大堂里坐下，想等经理下来吃晚饭的时候再向他展开攻势。而经理因为被人打搅了午睡，整个下午都昏昏沉沉的，到了晚上根本没有胃口吃饭，早早就休息了。

可怜B在大堂里一步也不敢离开，一直等到晚上10点才饿着肚子回去了。

第二天的早上，当B带着失败的消息回到公司后，销售主管已经不抱什么希望了。正当他准备放弃的时候，突然看到了刚进公司没几天的C，主管想：反正已经没希望了，不如让C去碰碰运气，就当是锻炼新人吧。于是，C又接受了这个任务，而这时距采购经理离开的时间只剩下3天。C并没有急于去宾馆，而是通过各种渠道详细了解采购经理的奋斗历程，弄清了他毕业的学校、处事风格、关心的问题以及剩下这几天的日程安排，最后还精心设计了几句简单却有分量的开场白。

这些准备工作用了C一天的时间，到了第二天一早，C还没有去宾馆，而是回公司整理了一个小时的资料,把公司产品和竞争对手的产品进行了详细的比较,并将能突出自己产品优势的地方全都列了出来,然后把那位采购经理对产品最关注的耐用性、售后服务等关键点进行了非常具有诱惑力的强化。因为他已经查明,采购经理今天上午有一个简短的约会,要到10:30才回去,所以做这些准备工作在时间上来说是绰绰有余。C在10:15到了宾馆,在通向经理房间必经的电梯旁等候。十点半,采购经理回到了宾馆后直接上了电梯,C也马上跟了进去,从经理最感兴趣的话题开始,很快就得到了去经理房间喝咖啡的邀请。后来的事就很简单了,采购经理一次就订购了这家公司一个季度的产品量,并且签订了正式合同,甚至在他临走的那一天,这笔业务的预付款就已经到达C所在公司的账户了。

像A这样的企业职员其实是很"聪明"的,可惜是用错了地方。他缺少直面困难的勇气,也不愿意自我反省,根本无法独立自发地做任何事,只有在一种被迫和监督的情况下才工作。在他看来,敬业是老板剥削员工的手段,忠诚是企业欺骗下属的工具,为任何一项工作精心做准备对他来说更是一种奢望。这样的人你怎么能指望他能够成为一个高效的执行者呢?可以确信的是,他离被公司扫地出门已经不远了。

但是像B这样的员工恐怕也无法使企业感到满意,很难说他是不主动,不积极的,他也不缺乏工作的热情和牺牲精神。不过,在他身上似乎还缺少了一种很重要的东西,没错,就是准备。他在接受任务之后根本没有考虑对方是一个什么样的人,最关心产品的哪些方面,现在这个时间去拜访是否合适。正是在这些方面的疏忽,让他的执行变得毫无价值,还挨了一顿臭骂。

那么,在C身上我们看到了什么?当然是在充分准备后所表现出的高效高质的执行力,这也正是目前被人们忽视最多的职业品质。面对其他同事都解决不了的难题,他没有畏难情绪,将困难一推了之;也没有仓促行动,而是有条不紊地从准备工作开始,一项项地落实到位,从拜访的时间、开场白、对方的办事风格,一直到产品优劣势的分析、调研……任何一处都体现了一个高效能员工的职业素养。

只有准备，才能使企业的命令得到切实、全面的执行；只有准备，才能使每一个行动变得有价值；只有准备，才能使企业的每一名员工成为高效能的执行者。

3. 在低起点上胜出，才是成功的捷径

在这个社会，越来越多的人自命不凡，为了满足虚荣心，他们迫切地想用一些实际的东西来证明自己的能力。比如，找一份好工作，这对于那些名牌大学毕业的学生来说，是一个必须要抓住的机会。否则，别人就会说，看，那个名牌大学的毕业生去的公司还没有我们那个公司大呢？多没面子。

所以，他们的姿态永远都是趾高气扬的，他们一点都不肯示弱，恨不得把自己的弱项也变成强项，为了给自己卖个好价钱，他们甚至不惜夸大自己的各种能力。

但是结果又常常不如人愿，你比别人强，还有比你更强的，你本科毕业，比那些专科毕业生有优势，可是站在你后面的还有研究生，研究生后面还有博士生……总之，山外有山，楼外有楼，在强者如云的队伍里，要想胜出谈何容易啊。

这时候，不妨进行逆向思考，在大家都在向高处拥挤的时候，你何不放下身架，以低姿态示人？

关键是如果你能放下身架，你的竞争对手就不再是那些一个比一个自命不凡的强者，更多的是那些踏实、谦虚的专科生或者本科生。

只要你是金子，在哪里都会发光的，但是若是在一大堆金子中发光，很难有人发现你，但是你若在一片石子中发光，那么别人一眼就能看到你。

有一位博士在找工作时，被许多家公司拒之门外，万般无奈之下，博士决定换一种方法试试。他收起所有的学位证明，以一种最低的身份再去求职。

不久，他被一家电脑公司录用，做一名最基层的程序录入员。没过多久，公司就发现他才华出众，竟然能指出程序中的错误，这绝非一般录入员所能比的，这时，博士亮出了自己的学士证书，老板于是给他调换了一个与本科毕业生对口的工作。

过了一段时间，老板发现他在新的岗位上也游刃有余，能提出不少有价值的建议，这比一般大学生高明，这时博士亮出自己的硕士身份，老板又提升了他。

有了前两次的事情，老板也比较注意观察他，发现他还是比硕士有水平，就再次找他谈话，这时博士拿出博士学位证明，并说明了自己这样做的原因，老板恍然大悟，毫不犹豫地重用了他。

可见，学会在适当的时候，保持适当的低姿态，绝不是懦弱的表现，而是一种智慧。放低姿态既是一种态度也是一种作为，学习谦恭，学习礼让，学习螺旋式上升，这既是一种人生的品位也是一种境界，让我们脚踏实地地攀上成功的阶梯。

如今，走出校园的大学毕业生已不再是"象牙塔"里的"天之骄子"，他们肩负着巨大的就业压力，在激烈的就业竞争中，理想的职业固然重要，但在没有更好选择的前提下，暂时屈就也是权宜之计。

王涛是一名毕业于湖南师范大学的本科生，如今他是浙江某建筑公司的一名经理。在外人看来，像王涛这样毕业于师范院校的大学生，应该去做老师才对，怎么当起了建筑工人呢？

原来，在大学里学物理专业的王涛，毕业后，由于所学专业比较冷门，辗转于人才市场一个多月也没找到合适的工作。后来，他和同学跑到浙江省，想在那里闯一闯，当他听说某建筑公司招工人的时候，他决定放低姿态，先从工人干起。虽然工作在基层很辛苦,但通过自己的努力,在短短的两年时间里,他从基层工人中脱颖而出,慢慢从基层做到了管理层,当上了经理。

回首这一路走来,王涛感慨地说道:"不管从事什么行业,只要努力了就会有回报。"大学毕业生们只要肯放低姿态,积极融入到社会当中,勇于到基层锻炼,善于在艰苦、复杂的环境中脱颖而出,是金子总会发光的。

自古以来,凡成功者都懂得放低姿态。周文王弃王车陪姜太公钓鱼,灭商建周成为一代君王;刘备三顾茅庐拜得诸葛亮为军师,促成三国鼎立。这些都是我们耳熟能详的故事,如果文王和刘备没有放低姿态哪能求得赫赫成绩,从而流芳百世?

一个人在社会上求生存,即便你有自己的优势,你也不可能永远姿态高扬。在社会对人低头,有时是你的生活方式和工作方式中的一种。它与你的道德和气节毫无关系。当你遇到一个很低的门框的时候,你昂首挺胸地过去,肯定要给脑袋碰出一个包来,明智的做法是弯一下腰,低一下头,让很低的门框显得比你高就成了。

在竞争格外激烈的现代社会,如果你想引起别人的注意,就得以一种低姿态出现在对方面前,表现得谦虚、平和、朴实、憨厚,甚至愚笨、毕恭毕敬。你的这种姿态虽然把自己的身架放低了,但是你使对方感到了自己是受人尊重的,比别人聪明的,那么他自然会对你留下好的印象。

你要记住,你谦虚时对方就显得高大;你朴实和气,他就愿意与你相处,认为你亲切、可靠;你恭敬顺从,他的指挥欲得到满足,认为与你很合得来;你愚笨,他就愿意帮助你,这种心理状态对你非常有利。相反,你若以高姿态出现,处处高于对方,咄咄逼人,对方心里会感到紧张,做事就没数了,而且会产生一种逆反心理。

因此,尽快胜出的方法不是自抬身架,恰恰相反,放低身架才是成功的捷径。

其实,你以低姿态出现只是一种表象,一是为了让自己脱离那个所谓强者如云的舞台,置身于一个更容易引人注目的位置。二是这种低调的姿态可以让对方从心理上感到一种满足,使他愿意与你合作。实际上越是表面谦虚的人,越是非常聪明的人,越是工作认真的人。所以,对任何一个人来说,学会在适当的时候,保持适当的低姿态,绝不是懦弱的表现,而是一种放得下的大智慧。

4. 生活本不易,你居然还和自己过不去? ◀

　　生活中苦恼总是有的,有时人生的苦恼,不在于自己获得多少,拥有多少,而是因为自己想得到更多。而自己的能力却很难达到,所以我们便感到失望与不满。然后,我们就自己折磨自己,说自己"太笨""不争气"等等,就这样经常自己和自己过不去,与自己较劲儿。

　　世界上太多的人悲叹生活的艰辛,只有极少数人能在有限的生命中活出自己的快乐。一个人快乐与否,其实和他的生存环境关系不大,而是主要取决于如何善待自己的心态。

　　生活本已不易,再自己给自己想象很多烦恼,岂不是自己跟自己为难?

　　要知道,烦恼是一把摇椅,你一旦坐上去,它就会一直摇呀摇,总也停不下来。如果你跳下来,它自己也就不会再摇了。

　　一个心理学家做了一个很有意思的实验:他要求一群实验者周末晚上把未来七天会烦恼的事情都写下来,然后投入一个大型的烦恼箱中。第三周的星期日,他在实验者面前打开这个箱子,与成员逐一核对每项烦恼,结果发现其中90%的担忧并没有真正发生。

　　接着,他又要大家把那些真正发生的10%的烦恼重新丢入纸箱中。等过了三周,再来寻找解决之道。结果到了那一天,他开箱后,发现剩下的10%的烦恼已经不再是那些实验者的烦恼了,因为他们有能力应付。

原来烦恼是自己找来的,这就是所谓的自找麻烦。据统计,一般人的忧虑有40%属于过去,有50%属于未来,而92%的忧虑从未发生过,而剩下的8%是能够轻松应付的。

每个人都有七情六欲和喜怒哀乐,烦恼也是人之常情,是人人避免不了的。但是,由于每个人对待烦恼的态度不同,所以烦恼对人的影响也不同。

有一个人以为自己得了癌症,便跑去看医生。

医生问他:"你觉得哪里不舒服?"

他回答:"我好像没哪儿不舒服。"

医生又问:"你感觉身体哪里疼?"

他说:"感觉不到疼。"

医生又问:"你最近体重有没有减轻?"

他说:"没有。"

"那你为什么觉得自己得了癌症?"医生忍不住这么问他。

他说:"书上说癌症的初期毫无症状,我正是如此啊!"

富兰克林·皮尔斯·亚当斯曾以失眠作比喻。他说:"失眠者睡不着,因为他们担心会失眠,而他们之所以担心,正因为他们不睡觉。"

马克·吐温晚年时感叹道:"我的一生大多在忧虑一些从未发生过的事,没有任何行为比无中生有的忧愁更愚蠢了。"

凡事别跟自己过不去,要知道,每个人都有这样或那样的缺陷,世界上没有完美的人。这样想,不是为自己开脱,而是为了保证心灵不会被挤压得支离破碎,为了永远保持对生活的美好认识和执着追求。

别跟自己过不去,是一种精神的解脱,它会促使我们从容走自己选择的

▲

路,做自己喜欢的事。

真的,假如我们不痛快,要善于原谅自己,这样心里就会少一点阴影。这既是对自己的爱护,也是对生命的珍惜。

有人问古希腊大学问家安提司泰尼:"你从哲学中获得了什么呢?"他回答说:"同自己谈话的能力。"

同自己谈话,就是发现自己,发现另一个更加真实的自己。

法国大文豪雨果曾经说过:"人生是由一连串无聊的符号组成的。"的确,我们生活中的大多数时光都在很普通的日子里度过,有时,看似很正常的生活,感受上却似走进生活的误区。有点儿浑噩,有点儿疲惫,有点儿茫然,有点儿怨恨,有点儿期盼,有点儿幻想,总之,就是被一些莫名其妙的情绪、感受占据了内心的思想、生活,而懒得去理清。

于是,我们总是在冥冥之中希望有一个天底下最了解自己的人,能够在大千世界中坐下来静静倾听自己心灵的诉说,能够在熙来攘往的人群中为我们开辟一方心灵的净土。可"万般心事付瑶琴,弦断有谁听"?

其实,我们不就是自己最好的知音吗?世界上还有谁,能比自己更了解自己的呢?还有谁能比自己更保守自己的秘密呢?当你烦躁、无聊的时候,不妨和自己对对话,让心灵退入自己的灵魂中,使自己与自己亲密接触,静下心来聆听来自心灵的声音,问问自己:我为何烦恼?为何不快?满意这样的生活吗?我的待人处世错在哪里?我是不是还要追求工作上的成就?生命如果这样走完,我会不会有遗憾?我让生活压垮或埋没了没有?人生至此,我得到了什么、失去了什么? 我还想追求什么……

这样,在自己的天地里,你可以慢慢修复自己受伤的尊严,可以毫无顾忌地"得意",可以深刻地剖析自己。你还可以说服自己、感动自己、征服自己。有位作家说的一段话很有道理:"自己把自己说服,是一种理智的胜利;自己被自己感动了,是一种心灵的升华;自己把自己征服了,是一种人生的成熟。"把自己说服了、感动了、征服了,人生还有什么样的挫折、痛苦、不幸不能被我们征服呢?

5. 乐于亏己,退一步进百步 ◀

做人是不能怕吃亏的,更不能损人不利己。做人的可贵之处,倒是乐于亏己,事实就是如此,自己主动吃点亏,往往能把棘手的事情做好,能把很难处理的问题顺利解决。

西汉时期,有一年过年前,皇帝一高兴,说下令赏赐给每个大臣一头羊。羊有大有小,有肥有瘦,在分羊时,一名负责分羊的大臣犯了难,不知怎么分才能让大家满意。正当他束手无策时,一名大臣从人群中走了出来,说:"这批羊很好分。"说完,他就牵了一只瘦羊,高高兴兴地回家。众大臣见了,也都纷纷仿效,不加挑剔地牵了一头羊就走,摆在大臣们面前的一道难题一下子就迎刃而解了。这名大臣既得到了众大臣尊敬,也得到了皇帝的器重。对于这名大臣来说,亏己不正是大利吗?

亏己者,能让人们觉得他有肚量而加以敬重。这样,亏己者的人际关系自然就比别人好。当他遇到困难时,别人也乐于向他伸出援救之手;当他干事业时,别人也肯给予支持,给予帮助。他的事业自然就容易获得成功。只要我们留心一下历史和身边的人,就不难发现,凡那些取得了巨大成就的人,尤其是那些有杰出成就的人,无一不是胸怀宽广又能亏己的人。相反,看看我们身边那些一生无所作为、无所建树的人,有哪一个不是心胸窄、爱计较、不肯亏己之辈?由此可见,亏己也是福。

在现实生活中,能够主动吃亏的人实在太少,这不仅是由于人性的弱点,人们很难拒绝摆在面前本来就该你拿的那一份,也是因为大多数人缺乏高瞻远瞩的战略眼光,不能舍眼前小利而争取长远大利。

　　和顺商店的刘老板经营有方，生意兴隆。有人问他："你的经营之道是啥？"他脱口回答："吃亏是福。"并且进一步作解释，"我把顾客奉为上帝，宁愿少赚点钱，也绝不让顾客吃亏。在我这儿买东西，百挑不厌，包退包修，上门服务，负责到底。这些都受到广大顾客的欢迎，上门购物的人自然就络绎不绝了。在一段时间内，在有的商品上，我少赚了，甚至吃了亏，但从长期看、总体看，我收到了很好的效益。所以我相信'吃亏是福'。"

　　吃亏是福，吃小亏占大便宜。世上有多少人为了自身的利益，为了不吃亏，少吃亏，或为了多占他人便宜而演出一幕幕你争我夺的人间闹剧。岂不知吃亏与占便宜，就像祸和福一样，可以相互依存和相互转化。

　　曾经有人说过这么一段极富哲理的发人深省的话："福祸俩字半边一样，半边不一样，就是说，两个字相互牵连。所以说，凡遇好事的时候别张狂，张狂过了头后边就有祸事；凡遇到祸事的时候也别乱套，忍着受着，哪怕咬着牙也得忍着受着，忍过了，受过了，好事跟着就来了。"

　　张经理和一家酒店联系了一笔业务，该酒店要购买一套地毯清洗设备，价值6000多元。各项手续办好后，张经理把设备寄往兰州。但酒店收到设备后，称设备在运输途中损坏了，要求退货。张经理派人查看后得知，设备是在酒店组装时，操作不当而损坏的，维修费用约需700多元，酒店不愿承担才要求退货，公司没有任何责任，完全可以置之不理。但张经理表示，"吃点小亏"无所谓，维修费用由他来承担，并让人把设备修好，让客户满意。这件事后不久，该酒店要更新其他清洗设备，首先想到的就是与甘愿"吃亏"的张经理合作，一次性订了7万多元的货。张经理虽然在第一次合作时吃了小亏，却因此而换来了更大的合作项目，真是"吃小亏，占大便宜"。

　　可能有人会问，吃亏就是吃亏，占便宜就是占便宜，怎么能说吃亏反而是福呢？我们不妨换个角度来考虑这个问题：吃点亏，一是内心平静，不七上八下；二是得到旁观者的同情落个好人缘；三是这次虽吃点亏，但因获得了道义上的支持，下次可能会得到的更多，何亏之有？反之，占了他人的便宜，发点不义之财的人心理上能安稳吗？而且还会失去人缘，落个坏名声。因为占一次便宜而堵了自己以后的路，得不偿失。所以，吃亏表面上是祸，其实是福；占便宜表面上是福，其实是祸。

不怕吃亏的人一般平安无事，而且终究不会吃大亏，所谓善有善报。相反，总爱贪便宜的人最终贪不到真正的便宜，而且还会留下骂名，甚至因贪小便宜而毁灭自己，所谓恶有恶报。要做到不计较吃亏，甚至主动吃亏，就需要忍让，需要装糊涂。

一个人只要愿意吃小亏、敢于吃小亏，不去事事占便宜、讨好处，日后必有大"便宜"可得，也必能修成"正果"。相反，要想"占大便宜"，则必须能够吃小亏，敢于吃小亏，这甚至可以说是一种规律。那种事事处处要占便宜的人、不愿吃亏的人，到头来反而会吃大亏。

6.收起你那颗痴迷完美的心

在人生中，无论是对待工作、事业，还是对待自己、他人，我们不妨做一个适度的妥协主义者，而不要做一个完美主义者。因为完美主义者有可能什么事情也没有做成，而妥协者却会多多少少有些进展。

每个人身上都有或多或少的缺点，勇敢的人往往缺少智慧，聪明的人往往缺少勇气，豪爽的人往往心思过疏，谨慎的人往往怀疑过头，等等。一种阳光性格的另一面必然是阴影，所以，我们应做一个适度的妥协主义者。

在我们的周围，有这样一些人，他们的智力很高，才智过人，工作能力也很不错,而且又非常勤奋,一旦工作起来常常什么都有可能忘了。但是,他们就是出不了什么成果,眼看着比他们在各方面都差一些的人成果都十分显著了,而他们却依旧默默无闻。

一般来讲,这种人都是"完美主义者"。

你可能要问:"完美主义"不好吗?回答是:不好。如前所说,这些人之所以不能取得成绩,不能取得人生的成功,不是他们缺少能力,而是他们在做任何事情之前,都不能克服自己追求完美的痴情与冲动。

他们想把事情做到尽善尽美,这当然是可取的,但他们在做一件事情之前,总是想使客观条件和自己的能力也达到尽善尽美的完美程度,然后才会去做。因而,这些人的人生始终处于一种等待的状态。他们没有做成一件事情,不是他们不想去做,而是他们一直等待所有的条件成熟,于是,他们就在等待完美中度过了自己不够完美的人生。

马明就是一个追求完美的人。一天,他想写一篇某一方面的论文,在开始写论文之前,他尝试了几种、十几种乃至几十种方案之后才动手去写那篇论文。这么做当然是好的,因为他可以在比较之中找到一种最佳的方案。但是,在开始写的时候,他又发现他所选择的那种方案依然有些地方不够完美,多多少少还存在着一些错误和缺点。于是,他又将这种方案重新搁置起来,继续去寻找他认为的"绝对完美"的新方案,或者,将这一论文的选题又放下,去想别的事情。最终,那篇论文也没能完成。

实际上,这个世界上没有什么东西是"绝对完美"的,马明要寻找这种东西是不可能的。这种人总是不愿出现任何一种失误,担心因此而损害自己的名誉。所以,他的一生都在寻找的烦恼中度过,结果什么事情也没能做成。

如果你不相信这一点,你可以从你的人生档案中试着找出自己拖延着没有做的事情、没有完成的项目或者课题。这样的事情你可能也会找出一大堆:

搬了新家窗帘还没有装，所以没有请朋友来家里玩；这只现价30元的股票原想等掉到5块钱再买，但它一直掉不到5块钱，等等。

总结一下你会发现，你一直在等待所谓的条件完全具备，好将事情做得尽善尽美。可是，你会发现在社会上，面对同样的事情有些人的方案或者条件还不如你的成熟，但他们的成果已经问世，甚至已经赚了一大笔钱，而造成这种状况的原因就是你患上了"完美主义"的毛病。

这就可以解释，为什么会有那么多表面看起来相当精明能干的人，到头来却一事无成，在人生的道路上坎坷颇多，甚至进退维谷。

在人生中，无论是对待工作、事业，还是对待自己、他人，我们不妨做一个适度的妥协主义者，而不要做一个完美主义者。因为完美主义者有可能什么事情也没有做成，而妥协者却会多多少少有些进展。

7. 有一个柠檬，就用它做一杯柠檬水　◀

你痛苦过吗？我们每个人都经历过痛苦，它往往给了我们很多警示。小时候，一次不小心打翻了水瓶烫伤了自己，从此知道了开水可不是好玩的；上学时，因顶撞老师而受到重罚，从此懂得了要想别人尊重你首先要学会尊重别人；工作时，因自己的过失给公司造成重大损失而被炒鱿鱼，从此明白了机会永远是留给准备充分的人。痛苦并不可怕，可怕的是为这些遗憾而难过。

德国哲学家尼采曾经说过："不仅要在必要的情况下忍受一切痛苦，而且还要喜爱一切痛苦，因为痛苦是人生前进的动力。"我们的人生始终与痛苦相伴，因为有了痛苦这样最好的老师，我们才会从一个懦弱的人变成一个坚强的人。坚强的人把痛苦当作动力，去寻找快乐的彼岸；而懦弱的人会在抱怨痛苦的深渊中沉沦,从此与快乐绝缘。

许多伟大的成功者的人生都铭刻着"痛苦"两个字。他们之中有非常多的人之所以能成功,是因为他们在此之前遭遇过某种巨大的痛苦,促使他们加倍地努力而得到更多的报偿。正如威廉·詹姆斯所说的:"我们的痛苦对我们是一种持久的帮助。"

如果你是个有梦想的人,而且你已经踏上了追求的人生之途,那你就应该学着去体验痛苦。你也许会说:"我再不需要痛苦,我体验的痛苦已经够多的了。"

在你追求的人生之旅中,你要试着去做不幸者的朋友,打开你的视野,让你渺小的心灵深刻懂得他人的痛苦是多种多样的,在你这种痛苦之外有着千百种痛苦。有疾病的痛苦,有衰老的痛苦,有失去孩子的痛苦,有失去母亲的痛苦,有失败的痛苦,有被朋友出卖的痛苦,有孤独的痛苦,有无人诉说的痛苦……

当你渐渐领略了许多种痛苦后,你的头脑要有一条清晰的思维,你不能被这些痛苦吓倒,你要懂得痛苦是快乐的源泉,是推动你前进的人生动力。

在美国,"钻石大王"彼得森和他的"特色戒指公司"几乎无人不知,无人不晓。彼得森从16岁给珠宝商当学徒开始,白手起家,经历了令人难以想象的艰辛,最后一跃而成为享誉世界的"钻石大王"。

1908年,亨利·彼得森诞生于伦敦一个犹太人家庭。幼年时父亲便撒手人寰,家庭生活的重担落在了母亲柔弱的肩上。迫于生计的压力,母亲携彼得森移居纽约谋生。在他14岁时,作为全家生活支撑的母亲也因劳累过度一病不起,亨利不得不结束半工半读的学习生涯,到社会上做工赚钱,肩负起家庭生活的沉重负担。

当亨利·彼得森16岁的时候,他来到纽约一家小有名气的珠宝店当学徒。这家珠宝店的老板犹太人卡辛,是纽约最好的珠宝工匠之一。作为一个珠宝商,他在纽约上层社会的达官贵人和公子小姐中颇有声誉,他们对卡辛的名字就像对好莱坞电影明星一样熟悉。卡辛手艺超群，凡经过他亲手镶嵌的首饰都能赢得人们的赞誉并卖到很高的价钱。

但是卡辛作为珠宝店的老板，又是一个目中无人、言语刻薄的"暴君"。他对学徒的严厉简直到了暴虐的程度，珠宝店的学徒在他面前无不蹑手蹑脚、谨慎从事，唯恐自己的疏忽和过错惹怒了这个喜怒无常的老板。

对于珠宝尤其是钻石的生产而言，最艰苦、最难以掌握的基本功莫过于凿石头。

亨利上班的第一天，卡辛就安排他练习凿石头，就这样开始了他炼狱般的学徒生涯。根据卡辛的"教诲"，一块拳头大小的石头，要用手锤和斧子打成10块尺寸相同的小石块，并规定不干完不许吃饭。亨利从没有干过这种活，看着这一块石头发呆良久，不知如何下手。但是他别无选择，只得硬着头皮干。他先把大石头劈成10小块，然后以10块中最小的那块为标准，慢慢雕凿其他9块。虽说石头质地不是特别坚硬，但是层次非常分明，稍不小心就会把石头凿下一大块而前功尽弃，招来老板的严厉呵斥。

后来据亨利·彼得森讲，尽管老板非常苛刻，但也是为了让他们早日掌握打造石头的要领，因为对于钻石生产而言，打造石头是来不得半点含糊的基本功。老板也是借此来考验学徒们的意志，因为如果过不了这一关，是永远也不能成为成功钻石商人的。学徒工作第一天下来，亨利腰酸背痛，四肢发软，眼睛发胀，但依然没能完成老板的任务。但是后来成就了事业的亨利·彼得森对于卡辛还是充满了感激之情，说如果没有卡辛的严厉要求，他绝对不会成为一个成功的钻石商人。

以后的数天里，他简直变成了一台麻木的机器在那里机械地运转，整日挥汗如雨地劈凿。

母亲看着孩子日渐消瘦的面容和血迹斑斑的双手，实在不忍心让孩子受这种委屈与折磨。但她知道对于穷人家的孩子，除了靠吃苦谋生外别无选择。在母亲的感召下，亨利也别无选择，并且在心里燃烧起强烈的成功欲望。他相信自己受一些苦难与委屈，最终是能够学到这门手艺。

万事开头难,自己支摊也不是件容易的事。虽然要求不高,只要有一张工作台就可以了,但是在房租昂贵的纽约找一块地方又谈何容易?关键时刻,还是有着互助意识的犹太同胞帮了他的忙。这位同胞就是彼得森在珠宝店当学徒时认识的犹太技工詹姆。

詹姆与他人合资在纽约附近开了一个小珠宝店。彼得森去找他想办法,詹姆他们的珠宝店很小,约有12平方米,已经摆放了两张工作台。詹姆很热心,看他处境艰难,允许他在这个小房间里再摆一张工作台,每月只收10美元租金。

工作台得到了解决,但是身无分文的彼得森无力预付房租,必须找到活儿干,否则仍然无法生存。

过了好多天,他终于揽到了一笔生意,一个贵妇人有一枚2克拉的钻石戒指松动了,需要加固一下,她在拿出戒指前郑重地问彼得森跟谁学的手艺,当得知面前这个首饰匠人是卡辛的徒弟时,她就放心地把戒指交给了他。这对彼得森来说是一个重大发现,想不到卡辛的名字在这些有钱人中有如此分量,他马上想到借助卡辛的名气招揽生意。也正是从此开始,他深刻地意识到了声誉的重要性。

尽管自己和师傅之间有一段无法说清的恩怨,但是他从心里还是对师傅心存感激。彼得森靠着"卡辛的徒弟"这块招牌干了两三个月,生意不错。这时,西州的一家戒指厂的生产线出了问题,急需一个有经验的工匠做装配。

在听说彼得森的名气后,这家戒指厂商慕名请他去负责,他愉快地接受了这一工作。有很多人慕名来找他加工首饰,他都一一热情接待,把业余时间都用在加工首饰上。当然,他每星期的收入也开始明显增多,有时可赚到170多美元。这样,他一边在工厂工作,一边加工首饰,终于在经济大萧条的年代里渡过了失业难关,生活也得到了极大的改善。

在生活中,不论你处在什么环境中,每天你都会碰到一些人,你对他们怎样呢?你是否只是望望他们?还是会试着去了解他们的痛苦?比方说一位邮差,他每年要走很多路,才能把信送到你的门口,这是不是一种疲于奔命的痛苦呢?比方说一位街角的乞丐,他望着你的目光和破旧的衣裳于他而言是不是一种痛苦?大街上与你迎面走过来的人满脸憔悴,他究竟又有着怎样痛苦的故事?如果学会了克服痛苦的方法,就能把这些痛苦转化成人生中的一种快乐。

如果你正处于无法忍受的痛苦之中,那么就请记住这句话:"如果有一个柠檬,就用它做一杯柠檬水。"你会因为这杯柠檬水快乐,从而获得更多的幸福。

第八章

你不可能避免犯错,但切不可一错再错

“人非圣贤,孰能无过”,世界上没有一个人能保证自己永远不犯错。但是,为什么有的人成就卓著,而有的人却成就低下?其实,答案很简单:有的人一错再错,没有及时地从错误中吸取教训,而延缓了前进的步伐。

1. 犯错不可怕,但你要学会反思　　◀

在成长中,谁能丝毫无错?犯错不可怕,但你要学会反思,从错误中吸取
经验教训。不经反思的生活,品质难以提升;不总结生活经验的人,只能原地
踏步。

戴尔·卡耐基说:"我的档案柜中有一个私人档案夹,标示着'我所做过的
蠢事'。夹中插着一些做过的傻事的文字记录。我有时口述给我的秘书做记
录,但有时这些事是非常私人的,而且愚蠢之极,不好请我的秘书做记录,因
此只好自己写下来。每次我拿出那个'愚事录'的档案,重看一遍我对自己的
批评,可以帮助我处理最难处理的问题——管理我自己。我曾经把自己的麻
烦怪罪到别人头上,不过随着年龄渐增,我最后发现应该怪的人只有自己。很
多人随着年纪的增长都认清了这一点。"

拿破仑被放逐到圣海伦岛时说:"我的失败完全是自己的责任,不能怪罪
任何人。我最大的敌人其实是我自己,这也是造成我的悲惨命运的主因。"

富兰克林每晚都自我反省。他发现了自己会犯13项严重的错误。其中3项
是:浪费时间、关心琐事及与人争论。睿智的富兰克林知道,不改正这些缺点,
是成不了大业的。所以,他将一周改进一个缺点作为奋斗目标,并每天记录赢
的是哪一边。下一周,他再努力改进另一个坏习惯,他一直与自己的缺点奋
战,整整持续了两年。正因如此,富兰克林最终成为了受人爱戴、极具影响力
的人物。

在现实生活中,如果你总是犯同样的错误,可能还会有另一些你没想到
的后果。

暴露了你的思维模式及行为习惯

如果你老是犯同样的错误，这表明你的思维模式存在僵化之处。在做错事之后，也许你曾想彻底地反省自己，但你却没有发现问题所在，所以下次做事时还是出错；也许你发现了问题，但因为受到长期累积下来的行为习惯的束缚，下次做时还是明知故犯。这种人若是带兵打仗，定会吃败仗；待人处事时，也会生出许多是非。由于你会在何种场合出错早就被人料定，你在与人竞争时还有什么胜算可言呢？

影响他人对你的评价

当人们评价一个人时，往往先看外表，再看其所做出的具体事情。事情做得越好，进行得越深入，别人的评价就越高。如果你老是做错事，人们对你的评价自然就低。若是一再犯同样的错误，评价就更低了，因为别人会对你的反省能力、做事能力及用心程度产生怀疑。即使你是无心之过，犯的是小错，别人对你的评价也会大打折扣。

应慎重地面对犯错及其后果。首先，你要反省与检讨自己，彻底了解自己犯错的原因何在，是能力问题、技术问题，还是性格问题、观念问题？尤其是后面的二者，有必要毫不留情地予以检讨，这样才不会自我欺骗，逃避真正的问题。其次，要反思自己及别人错误的经验，借反思来提高自我警觉。人会犯错，经常是因为性格及习惯所造成的，反思错误的经验有助于修正自己性格及习惯上的偏差。

曾子说："吾日三省吾身。"只有每天反省自己的人才能从自己的经验中获得启示，才能获得精神上的进步。不对自己的生活进行反思，我们的宝贵经验就白白流失了。让我们做自己最严苛的批评家，在反思中不断成长吧！

2. 善于观察别人的人，常常疏于观察自己　　　◀

人有一个共性，就是喜欢指责别人而原谅自己。比如，说别人闯红灯是没素质，而一旦自己为之便总是心安理得，迅速地原谅自己，这是非常不利于个人成长的。因此，花一些时间定期挖掘一下自身的缺陷和存在的问题，是非常有必要的一件事。在某些情况中，"以责人之心责己"会显得尤其必要。

有一位太太多年来不断指责对面住的太太很懒惰："那个女人虽很有钱，可她的衣服永远洗不干净，看，她晾在院子里的衣服，总是有斑点，我真的不知道，她怎么连衣服洗成那个样子……"直到有一天，有位明察秋毫的朋友到她家，才发现不是对面的太太衣服洗不干净。这位细心的朋友拿了一块抹布，把这位太太的窗玻璃上的灰渍抹掉，说："看，这不就干净了吗？"原来是这位太太自己家的窗户玻璃太脏了。

上述故事告诉我们：不能把一切的错误都归结到别人的身上，而认为自己做的就无懈可击。霍贝斯说："善于观察别人的人，常常疏于观察自己。"一个人不能够整天只知道责备别人，整天挑别人的毛病。遇到事情，多看看自己身上的缺陷，多在自己身上找问题，才是正确地观察自己、反省自己的方法。一味地责怪别人真的不应该，因为我们没有资格，我们既非凌驾于任何人之上的神，也不是谁的主宰者。

在心理学上曾有个很有趣的实验，用镜子来测试动物有没有"自知之明"。

实验者先把一面镜子放进黑猩猩笼中，10天之后，将黑猩猩麻醉，在它额头上点了一个无臭无味的红点。黑猩猩醒来后，镜子还没有放进来前，它并不会用手去摸额头，但是当镜子放进笼子后，黑猩猩一看到镜子中的"倩影"，便立刻用手去摸额头，而且用力去搓，表示它知道镜中的是自己，而且知道自己额头上原来是没有红点的。

如果省略第一步，没有让黑猩猩先接触到镜子，后来它虽然看到镜中的自己额头上有红点，但不会用手去摸，因没有以前的自我可作比较，也就无从判断。没有比较就不会用力去把不是自己心甘情愿点上去的红点搓掉。

这个实验很让人震惊，当一个人不知道自己原来是什么样的时候，就只好任人摆布，而不去抗争。但是一旦照过了镜子，知道自己是什么样子，那么一有非自主的改变便会立刻发觉，而且这个认识出现后是不可逆转的，已经知道便无法再假装不知道，他会在镜子前面一直看，所以有没有自知是非常重要的。

人类作为万物之灵，更应该有自知之明。我们必须清楚，世界上不存在十全十美的人。每个人都有犯错误的可能，每个人都潜藏着这样那样的缺陷，在等待被挖掘和被发现。我们若是只顾得上把时间用在观察别人的过失上，只是把精力用在追究别人的错误上，哪里还有时间和精力去完善自我，去成就自己的事业呢？一味地指责他人，寻找借口来推卸责任、掩盖自身的错误，其实是为了维护个人利益。责人应先责己，这是一个人应有的品格和态度。

在日常生活中，我们要认真看待和查找自身存在的问题，勇于责己，不护己短，正确对待批评与自我批评。这样才能在遇到困难和挫折时，及时找出问题的症结所在，从而总结教训，扬长避短，提高做事效能。卓越的人会经常反省自身存在的不足，然后加以改变，完善自我。相反，那些总是狂妄自大，极力贬低别人的人，则大多是平庸无能之辈。

俗话说："金无足赤，人无完人。"人活在世上，谁都难免有这样或那样的缺点和错误，谁都难免有不足的一面。重要的是，我们要有自省能力，懂得反省自己。

一个人是否具有反省能力对其做人很重要,而且只有懂得自省的人才能跟上时代的步伐。每个人都不可能永远不犯错误,因此,及时自省和进行自我批评是纠正自身错误、实现快速成长的关键所在。

然而,实际情况是:批评他人容易,批评自己却难得多。对许多人来说,缺点永远长在别人的身上,自己则是完美无瑕的。即便是有些过错,也会千方百计地找出各种理由来为自己开脱;或者面对别人的指责,不仅不自省,反而恶语相向。试问,这样的人如何超越平凡,成为一个卓越的人呢?

面对激烈的竞争,面对瞬息万变的市场环境,那些不愿意反省自己、及时察觉自身缺点,或者不愿意及时改正错误的人,落伍是在所难免的。只有懂得自省的人才能在反省中逐渐成熟,在反思中不断成长。

3. 勇于认错,打败内心的敌人 ◀

有诗曰:"三万日夜度一生,庸庸碌碌无前程。一日三省勤不辍,日积月累功自成。"对于一个人来说,懂得反省才是走向成熟的标志。做错事情不要紧,关键在于是否敢于承认错误并改正错误。

人生在世,谁都难免有这样或那样的缺点和错误,谁都难免有不足的一面。罗曼·罗兰说:"在你要战胜外来的敌人之前,先得战胜你自己内在的敌人;你不必害怕沉沦与堕落,只要你能不断地自拔与更新。"

反省是一种心理活动的反刍与回馈。它把当局者变成一个旁观者,把自己变成一个审视的对象,站在另外一个人的立场、角度来观察自己,评判自己。成功人士就是通过彻底反省来打败自己内心的敌人,通过打扫自己思想灵魂深处的污垢尘埃,减轻精神痛苦,来净化自己的精神境界的。

▲

　　小何瘫痪在床,心里非常痛苦。亲友们去安慰他,小何说:"我不害怕我的病治不好,我担心留不住妻子。"果然没过多久,他的妻子离开了他。

　　亲友们骂那位女人薄情,小何说:"不要责备她,是我不好。"接着,他忏悔道:"她做饭忙不过来的时候,我坐在电视前无动于衷;她生病需要去医院的时候,我以工作忙为借口,让她一人前往;她买了衣服,满心欢喜地问我怎么样,我的眼睛甚至都不瞟上一眼;她需要我陪伴的时候,我为了赢得上司的青睐,在办公室陪他们打扑克直至深夜;她生日到来的时候,如果没有她的提醒,我总是到第二天才猛然想起。我们的婚姻早就因为我的这些行为而瘫痪,只是我原来没有感觉到。现在我不能动了,我却一下子感觉到了。"

　　不久,有人把这些话讲给了小何的妻子听,她十分感动地说:"既然他这么说,我就回去吧!"在妻子的精心照料下,小何慢慢康复,他们的婚姻也"康复"了,并且变得更加稳固。

　　银行每天下午5点半关起门来结账,隔着玻璃门,可以看见他们比上午忙碌。他们每天都要把当天的账目弄得清清楚楚,不拖延,不马虎,这是做生意的道理。

　　有一个著名的企业家,他每天要接见很多宾客,或者要出去办很多事情。晚上,他总是把灯关掉, 个人独自坐在书房反省自己.

　　今天使我励精图治的人是谁?

　　今天使我增加智慧的人是谁?

　　今天使我浪费光阴的人是谁?

　　今天使我贪图享受的人是谁?

　　今天给我闯祸惹麻烦的人是谁?

　　这个人不但自己反省,也教别人反省。他的意思是做人要像做生意那样,每天把账目弄得清清楚楚。如果赚了,继续努力;如果亏了,赶快改弦更张,执迷不悟只会让自己一败涂地。

三国时，袁绍有一次决定出兵攻打曹操，谋士田丰认为时机不成熟，劝他不要出兵。但是，袁绍刚愎自用，不听良言，一怒之下把田丰关进牢房。在战争进行中，他又因谋士沮授的建议不合己意，也将他拘押起来。袁绍战败后，沮授不愿投降曹操，在逃跑中被曹军射杀身亡。

当袁绍失败的消息传到后方时，狱吏告诉田丰，说："主公由于不听先生之劝，结果打了败仗，证明先生的意见是正确的，这下您可以出狱了。"田丰听了这个消息后却说："我的死期到了。"狱吏不明究竟，田丰向他解释道："主公如果打了胜仗，还可能借机赦免我；如果打了败仗，他会觉得无脸见我，羞愧之下，肯定会对我不利。"果然不出田丰所料，袁绍一回到驻地邺城，就在别人的挑拨下，气急败坏地下令把田丰杀了。田丰死后，闻者皆为之叹息。

失败后不勇于检讨失误、承担责任、总结经验教训，反而杀害有识之士，这就是袁绍的做法。他如此执迷不悟，那是注定要失败的。

4. 有些事情必须"半途而废" ◀

生活中，很多人总认为自己还年轻，有很多时间可以去尝试、去坚持，但是岁月匆匆，当最终发现自己的坚持成为无用功时，再回首已成百年身。

错误的坚持就是在浪费生命，不管是对工作还是对生活来说。

有一家公司需要招聘一名业务代表，通过层层选拔进入复试的只有A和B两名应聘者，为了再从中找出一位最适合这个职位的员工，公司决定在不同时间段分别通知他们前来面试。

第二天A被公司通知前来进行最后一次的考核。A在面试的时候十分稳重，

▲

各种问题都对答如流，就在这时负责面试官的考官忽然递给他一把钥匙随手指了一间小屋让他去那里拿只茶杯来。

A就去开那间小屋的门，可是他无论怎么开就是打不开，他不相信自己开不了，就慢慢地拧，鼓捣了很长时间还是打不开。他知道这是主考官给自己出的最后一道难题，如果连这扇小小的门都打不开的话，怎么去打开别人的心灵，于是他就一个劲儿地往里面拧，可是最后钥匙被他拧断在锁孔里了。

A感到难以置信，明明是这扇门的钥匙为什么就是打不开呢?他就问主考官："请问，是这把钥匙吗?"主考官抬头看了一下A答道："是打开屋子，取出茶杯的钥匙。"A很为难地说："门打不开，我也不渴……"

主考官打断了他的话："那好吧，这两天回去等通知，如果接不到通知，你就去别家公司试试吧。"

第三天公司又通知B来面试，尽管他的回答不是十分流畅，但主考官还是同样给他一把钥匙让他取来一只茶杯，B也是同样打不开门，但是他却看见另一间屋里有一只茶杯，他就想："主考官并没有告诉我钥匙就是这间屋子的，它既然是打开有茶杯那间屋的钥匙，那么应是隔壁这一间吧!"于是他抱着试试看的心态，竟然真的打开了那间小屋，取出了茶杯。

主考官很高兴，拿过他取出的茶杯为他倒了一杯水，然后对他说："喝杯水，然后签个协议，祝贺你，你被录取了。"

A放不下自己心中的那份执着，一直认为主考官指定的就是那间屋子，结果怎么弄也打不开屋门，而B却并没有这样认为，只是选择放下这扇打不开的屋门去试另一间的屋门，结果它用同样的一把钥匙打开了另一间屋门，取出了茶杯。

有些事情确实需要"半途而废"的精神才能做成，当然这也要求我们仔细地甄别放下的时机，然后正确理智地坚持，这才是实现终极目标的大智慧。

生活中也有些人从小就抱有美好的梦想，也身体力行去追求、去坚持，但他们牺牲了美好的青春，激情也慢慢消耗殆尽，留给自己的却是一个生命的残局,可是他们仍然觉得是上苍跟他们开了一个生命的玩笑。殊不知,是他们自己的固执埋葬了自己的青春年华。

选择需要智慧,放下需要勇气。适时地放下无意义的坚持,才会有更多的可能到达成功的彼岸。如果自己选择的方向是正确的,那么该坚持的就要坚持。反之,如果你在一条错误的道路上狂奔,那么就加速了自己的毁灭。

如果我们的目标并不适合我们,做了也是白做的时候就要懂得去收手,与其苦苦挣扎,蹉跎岁月,还不如选择放下。若我们坚定地放下了那种偏执,说不定会柳暗花明,别有洞天。否则,我们就可能被痛苦纠缠一生。

5.去除内心的杂草　　　　　　　　　　　◀

俗话说"世上本无事,庸人自扰之"。其实很多时候,烦恼都是我们自找的,要想从烦恼的牢笼中解脱,首先要"心无一物",放下心中的一切杂念。

一个年轻人四处寻找解脱烦恼的秘诀。他走到一处山脚下,在绿草丛中一个牧童在那里悠闲地吹着笛子,十分逍遥自在。

年轻人便上前询问:"你那么快活,难道没有烦恼吗?"牧童说:"骑在牛背上,笛子一吹,什么烦恼也没有了。"年轻人借过笛子试了试,烦恼仍在。

他又踏上了寻找的旅途。有一天他又在山洞中遇见一位面带笑容的长者,便又向他讨教解脱烦恼的秘诀。老者笑着问道:"有谁捆住你没有?"年轻人答道:"没有啊!"老者说:"既然没人捆住你,又何谈解脱呢?"

年轻人想了想,恍然大悟,这么多年来不快乐的原因竟然是自己把自己束缚住了。

▲

这是个大家都耳熟能详的故事,"智者无为,愚人自缚",生活中,虽然有很多人听过这个故事,但是,谁又能彻底明白其中的含义呢?人,通常喜欢给自己的心灵套上枷锁,给自己的精神添加压力。

相传在唐朝时期,唐肃宗为心中的各种烦恼所困,拜南阳的慧忠禅师为"国师",希望他能为自己排忧解难。

有一天,肃宗问禅师:"朕如何才能得到佛法?"慧忠回答说:"佛在自己心中,他人无法给予!陛下看到殿外空中的那一片白云了吗?能不能让侍卫把它摘下来放在大殿里?"

肃宗无奈地摇摇头,又问禅师:"怎样才能拥有佛的法身?"慧忠答道:"欲望让陛下有这样的想法!不思静修把生命浪费在这种无意义的空想上,几十年醉死梦生下来之后,到头来不过是腐尸与白骸而已,何苦呢?"

肃宗再次问道:"那如何能不烦恼不忧愁呢?"

慧忠回答说:"不烦恼的人,看自己很清楚,即使一心向佛,也绝不会自认是清静佛身,常常审视自己的内心,了解自己的真正所求。只有烦恼的人才整日想摆脱烦恼。修行的过程是心地明朗的过程,无法让别人替代。放弃自身的欲望,放弃一切想得到的东西,陛下就会得到整个世界。"

佛法总是讲究"空","空"有什么效果?都是以轮回中的妄想心,生出轮回中的错误知见,就如此在轮回中转来转去,因此,佛说:"紧握双手,里面什么也没有;当我们打开双手,世界就在我们手中。"

南怀瑾大师进一步解释说:"你在修行中,不试图去达到任何境地。你可以随你的意愿,夜以继日地精进修行,但是,如果心中依然有想攫获的欲望,你永远也达不到平静。所有物件假以时日,会分解回归其基本元素,这是任何现象界的本然。唯有当我们明了并经验到某些事物时,我们方能放下。"

如果你珍爱生命,请你修养自己的心灵。人总有一天会走到生命的终点,金钱散尽,一切都如过眼云烟,只有精神长存世间,所以人生的追求应该是一种境界。

在纷纷扰扰的世界上，心灵当似高山不动，不能如流水不安。居住在闹市，在嘈杂的环境之中，不必关闭门窗，只任它潮起潮落，风来浪涌，我自悠然如局外之人，没有什么能破坏心中的凝重。身在红尘中，而心早已出世，在白云之上，又何必"入山唯恐不深"呢？所以关键还是你的心灵。

星云大师曾经引用这么一个故事来说明心识的力量。

苏东坡曾作了一首诗偈，自许为震古烁今，因为掩不住自得之喜，叫家丁火速划舟送给居住江南金山寺的佛印禅师，心想他一定会大赞特赞。苏东坡偈中题的是："稽首天中天，毫光照大千；八风吹不动，端坐紫金莲。"谁知佛印禅师看完后一语不发，只批了"放屁"二字，就叫家丁带回。接到回报的苏东坡瞪着"放屁"二字，直气得三尸暴跳、七孔生烟，连呼家人备船。小船过了江，眼看佛印禅师正站在岸边笑迎。苏东坡憋不住一肚子火，冲前就嚷："禅师！刚才我派家丁呈偈，何处不对？禅师何以开口就骂人呢？"

佛印禅师哈哈大笑："我道你真是'八风吹不动'，怎么我一句'放屁'就把你打过江来呢？"佛教中把"利、衰、毁、誉、称、讥、苦、乐"等八种最常影响我们内心世界的境风称作"八风"，苏东坡虽以为自己的心不再受外在世界的毁誉称讥等所牵动，不料还是忍不住小小"放屁"二字的考验。

可以说，修养心灵，不是一件容易的事，要用一生去琢磨。心灵的宁静，是一种超然的境界！高朋满座，不会昏眩；曲终人散，不会孤独；成功，不会欣喜若狂；失败，不会心灰意冷。坦然迎接生活的鲜花美酒，洒脱面对生活的刀风剑雨，还心灵以本色。

生命中的河流虽曾被污染，但涤尽流沙便可以见到清澈的本性。良好性格的明镜虽然蒙上尘土，但拭去灰尘终将闪光。大千世界，灰尘微不足道，它既不会遮挡视线，也不会遮盖心灵，但无数灰尘慢慢累积时，物体本相将会被掩盖直至变质，镜子不再明亮，金子不再闪光，人的呼吸不再顺畅。

▲

现实如此,精神世界同样如此。就人类的心灵而言,它不是我们的头脑,也不是我们的心脏,总之它不是我们的肉体,但它就在我们的头脑里,在我们的心脏里,在我们的每一寸肌肤里。精神世界的灰尘就好比每个人内心的自私、贪欲等等。

一个皇帝想要整修京城里的一座寺庙,他派人去找技艺高超的设计师,希望能够将寺庙整修得美丽而又庄严。

有两组人员被找来了,其中一组是京城里很有名的工匠与画师,另外一组是几个和尚。

由于皇帝不知道到底哪一组人员的手艺比较好,于是就决定给他们一个机会作比较。

皇帝要求这两组人员各自去整修一个小寺庙,而这两个组互相面对面。3天之后,皇帝要来验收成果。

工匠们向皇帝要了一百多种颜色的颜料(漆),又要了很多工具;而让皇帝很奇怪的是,和尚们居然只要了一些抹布与水桶等简单的清洁用具。

3天之后,皇帝来验收。

他首先看了工匠们所装饰的寺庙,工匠们敲锣打鼓地庆祝工程的完成,他们用了非常多的颜料,以非常精巧的手艺把寺庙装饰得五颜六色。

皇帝满意地点点头,接着回过头来看看和尚们负责整修的寺庙。他看了一下就愣住了,和尚们所整修的寺庙没有涂上任何颜料,他们只是把所有的墙壁、桌椅、窗户等都擦拭得非常干净,寺庙中所有的物品都显出了它们原来的颜色,而它们光亮的表面就像镜子一般,无瑕地反射出从外面而来的色彩,那天边多变的云彩、随风摇曳的树影,甚至是对面五颜六色的寺庙,都变成了这个寺庙美丽色彩的一部分,而这座寺庙只是宁静地接受这一切。

皇帝被这庄严的寺庙深深地感动了,当然我们也知道最后的胜负了。

我们的心就像是一座寺庙,我们不需要用各种精巧的装饰来美化我们的心灵,我们需要的只是让内在原有的美,无瑕地显现出来。因为,与现实的灰尘相比,精神世界的灰尘无影无形,更具隐蔽性,更容易在精神世界堆积,让生命失常,让心灵失色。

因此,必须学会扫除心灵上的灰尘,心灵的房间需要经常打扫,才能永葆青春,活力长存。我们每天都要经历很多事情,开心的,不开心的,都在心里安家落户。有些痛苦的情绪和不愉快的记忆,如果充斥在心里,就会使人萎靡不振。所以,扫地除尘,能够使黯然的心变得明亮;把一些无谓的争端扔掉,生存就有了更多更大的空间。

6. 原谅那些曾伤害过我们的人 ◄

古希腊神话里有一个大英雄名叫海格力斯。一天海格力斯走在坎坷不平的山路上,发现有个袋子一样的东西挡住了去路,便踢了一脚那东西,没想到那东西不但没有被踩破,反而膨胀起来,变得更加大了。海格力斯愤怒不已,抢起一根碗口粗的木棒去砸那东西,结果它竟膨胀到把路给堵死了。

就在这时,一位圣人从山中走出,他对海格里斯说:"快别动它,朋友,忘了它,离它远去吧!它的名字叫仇恨袋,你不侵犯它,它就会小如当初;你若侵犯它,它便会膨胀起来,把你的路给挡住,和你敌对到底!"

是啊,"仇恨袋"不过是个象征。报复的火焰一旦燃烧起来,可以将人的理智燃尽;报复如同一把双刃剑,在你报复别人的时候,也正有一把剑在刺向自己。所以,当遭遇背叛伤害时,应该选择理智而不是冲动,选择宽容而不是报复,选择放下而不是执着,这样,才能真正走出伤害,重新开始自己的生活。

▲

原谅可容之言,饶恕可容之事,包涵可容之人,时时宽容,常常忍让,才会达到精神上的制高点,"一览众山小"才会宠辱不惊,心境安宁。而被宽恕者自会感恩图报,以求心灵上的自我救赎,这样便达到了"双赢"的效果。

美国第三任总统杰斐逊与第二任总统亚当斯从恶交到宽恕,成为化敌为友的典范。

杰斐逊在就任前夕,到白宫去想告诉亚当斯说,他希望针锋相对的竞选活动并没有破坏他们之间的友谊。但据说杰斐逊还来不及开口,亚当斯便咆哮起来:"是你把我赶走的!是你把我赶走的!"从此两人之间没有交谈达数年之久,直到后来杰斐逊的几个邻居去探访亚当斯,这个坚强的老人仍在诉说那件难堪的事,但接着冲口说出:"我一直都喜欢杰斐逊,现在仍然喜欢他。"邻居把这话传给了杰斐逊,杰斐逊便请了一个彼此皆熟悉的朋友传话,让亚当斯也知道他的深重友情。

后来,亚当斯回了一封信给他,两人从此开始了美国历史上最伟大的书信往来。

宽容,最重要的因素便是爱心。原谅那些曾伤害过我们的人,这不是一件容易的事,但是如果我们这样做了,就会从中体验到宽容的快乐。尽管不顺心的事随时会产生,若能宽容待人、对事,他便拥有了快乐的一生,那难道不是人生的幸事吗?所以我们应尽量以愉快的心情处理生活上的各种问题,即使忍无可忍,也应采取理智来抑制情绪,最终使大事化小,小事化了。

有一位著名的音乐家,在成名前曾经担任过俄国彼德耶夫公爵家的私人乐队的队长。

突然有一天,公爵决定解散这支乐队,乐手们听到这个消息的时候,一时间全都面面相觑、心慌意乱,不知道如何是好。看着这些和自己一起同甘共苦许多年的亲密战友,他睡不安寝、食不甘味,绞尽脑汁,想来想去忽然有了一个主意。

他立即谱写了一首《告别曲》，说是要为公爵做最后一场独特的告别演出，公爵同意了。

这一天晚上，因为是最后一次为公爵演奏，乐手们表情呆滞、万念俱灰，根本打不起精神，但是看在与公爵一家相处这些日子的情分上，大家还是竭尽所能、尽心尽力地演奏起来。

这首乐曲的旋律一开始极其欢悦优美，把与公爵之间的情感和美好的友谊表达得淋漓尽致，公爵深受感动。渐渐地，乐曲由明快转为委婉，又渐渐转为低沉，最后，悲伤的情调在大厅里弥漫开来。

这时，只见一位乐手停了下来，吹灭了乐谱上的蜡烛，向公爵深深地鞠了一躬，然后悄悄地离开了。过了一会儿，又有一名乐手以同样的方式离开了。就这样，乐手们一个接着一个地离去了，到了最后，空荡荡的大厅里，只留下了队长一个人。只见他深深地向公爵鞠了一躬，吹熄了指挥架上的蜡烛，偌大的大厅刹那间暗下了下来。

正当他也像其他乐手一样，正要独自默默地离开的时候，公爵的情绪已经达到了顶点，他再也忍不住了，大声地叫了起来："这到底是怎么一回事呢？"他真诚而深情地回答说："公爵大人，这是我们全体乐队在向您做最后的告别呀！"这时候公爵突然醒悟了过来，情不自禁地流出了眼泪："啊！不！请让我再考虑一下。"

就这样，他用一首《告别曲》的奇特氛围，成功地使公爵将全体乐队队员留了下来。他就是被誉为"音乐之父"的世界著名音乐家——海登。

在滚滚红尘中，作为芸芸众生的你我有不少人会这样做：你对我不好，我也不会对你好。比如，在被抛弃、被辞退、被退学的时候，往往会愤愤离去，甚至采取报复行为；还有这样一种情况，有的人在抛弃对方或者准备跳槽时，也不愿意给对方留下一个好的印象，结果出现了一种糟糕的结局。

相反，海登深知，即便是最后的时光，也要一样无限美好地离去，为的是给双方留下一些更美好的或是更值得他日回忆的东西。结果，他的真情大度告别扭转了局面。

春秋时，齐襄公被杀后，公子小白和公子纠为争夺王位而战。鲍叔牙助小白，管仲助纠。双方交战中，管仲曾用箭射中了小白衣带上的钩子，小白险遭丧命。后来小白做了齐国国君，即齐桓公。齐桓公执政后，任命鲍叔牙为相国。可鲍叔牙心胸宽广，有智人之明，坚持把管仲推荐给桓公。他说："只有管仲能担任相国要职，我有五个方面比不上管仲：宽惠安民，让百姓听从君命，我不如他；治理国家，能确保国家的根本权益，我不如他；讲究忠信，团结好百姓，我赶不上他；制作礼仪，使四方都来效法，我不如他；指挥战争，使百姓更加勇敢，我不如他。"齐桓公也是宽容大度的人，不记射钩私仇，采纳了鲍叔牙的建议，重用管仲，任命他为相国。管仲担任相国后，协助桓公在经济、内政、军事方面进行改革，数年之间，齐转弱为强，成为春秋前期中原经济最发达的强国，齐桓公也成就了"九合诸侯，一匡天下"的霸业。

林肯总统对政敌素以宽容著称，引起一些议员的不满。林肯微笑着回答："当他们变成我的朋友，难道我不正是在消灭我的敌人吗？"一语中的，多一些宽容，公开的对手或许就是我们潜在的朋友。

7. 山不过来，你就过去吧 ◀

人的一生就像是长途跋涉的旅途，谁没有经历过坎坷？谁没有遭遇过困苦？又有谁没有面临过挫折？当残酷的环境摆在你面前时，你需要做的不是和它硬碰硬，而是想办法改变自己，从而使磨难看起来不足为道。

一位大师对外人宣称，自己经过几十年的修炼后，已经学会了一套"移山大法"。这个消息传出去之后，很多人都慕名前来拜访学艺，希望可以目睹这一天下"奇观"，更希望自己也能练就这般"奇术"。可是几年过去，徒弟们既没有从他那里得到一句移山的口诀，也未能目睹大师的移山绝技，都十分失望。

有一次，大师领着他的弟子们来到山谷中讲道，他告诉徒弟们：信心是成就任何事情的关键，只要有信心，就没有什么不能做成的。他的一个弟子问道："既然如此，那么师父您有信心将对面的那座山移过来吗？也好让弟子们开阔一下眼界。"

大师说："好吧，今天为师就教你们移山大法。"只见他盘坐在大山面前，大声地说道："山，你过来！"大家都聚精会神地望着那座山，可是大山却纹丝不动，这时大师站起来跑到山的旁边，说道："既然山不过来，那我们就过去吧。"

此时，众弟子都在笑师父，可是大师却说道："这个世界上根本没有移山大法，能移的只是我们的心而已。"听了此话，众徒弟方如梦初醒。

是的，既然山不过来，那我们就过去吧！这句话看似平凡，却能够帮助人们化解许多冲突和困难。当用另外一种方法也可以达到目的时，又何苦执着于前一种无畏的努力呢！

虽然人们经常说"有志者，事竟成"，但事实上想要到达成功的彼岸，仅有意志力还是不够的。很多事情，即使你想到了也未必能够做到。就像故事中的大山一样，我们是不可能将它移动的，我们能做的就是自己走过去。倘若人人都抱着"你不过来，我也不会过去"的心态，那我们岂不是要错过许多风景？

在这个世界上，像这样的"大山"实在是太多了，我们没有能力移动它，至少是暂时没能力移动它，因此只能从自身开始改变。

假如别人不喜欢自己，那么请不要去强迫别人喜欢，只有把自己变得更加完美，才能得到他们的青睐；如果不能说服别人，那么请不要去埋怨对方的固执己见,只有把自己的口才发挥得更好一些,才能够得到他们的认可;如果顾客对产品不满意,那么请不要责备顾客过于挑剔,将自己的产品再完善一下,才能得到他们的认可。

有一位从事摄影工作的摄影师,每年都会给很多人照相,可是关于照相他却始终有一个心结,那就是每次照多人合影时,洗出来的照片上总会有人闭着眼睛。其实他已经在尽量地避免这个问题了,为了强调大家一致,他每次照之前都会高声喊道:"大家请注意,我现在喊一、二、三,当我喊到三的时候会按快门,大家千万不要闭眼睛。"可是尽管如此,每次照片还是会有人闭眼。这些人看到照片自然会很不高兴,有些人还埋怨道:"为什么单是我闭眼的那个时候,你按快门啊?你这不是存心要我出洋相吗?"后来,摄影师终于想出了一个绝妙的办法,于是在拍照时换了一个方法:先是请所有拍照的人都闭上眼睛,听他喊"一、二、三",当喊到三的时候再一齐睁开眼睛。果然,这样照出来的效果很好,大家都睁着眼睛,显得神采奕奕,皆大欢喜。

生活中这样的事情还有很多,既然有些事情是不以人的意志为转移的,那么我们就不妨试着从自身来改变一下,只有这样,人生才会丰富多彩。明白了这个道理,那么人生便达到了一种新的境界。

适应是超越的前提,我们每个人的一切成长与进步都是通过"适应"而获得的。即使你想超越别人、领导社会发展,你也必须首先学会适应,学会适应对方,而不是试图改变对方。

第九章

拥有了自信,再平凡的人也能做出惊天动地的事情来。这样说,并不是说拥有自信的人就一定会成功,而是因为拥有自信的人往往都生活得很精彩,通过自己的努力,让不可能变为可能,他们是生命奇迹的创造者。

1. 开始就不相信自己，那么你绝不会成功 ◀

世界著名成功学之父戴尔·卡耐基曾经说过："一个年轻人，如果从来不肯竭尽全力来应对所有事情，如果没有坚强不屈的意志，如果没有真诚热忱的态度，如果不施展自己的能力，如果不振作自己的精神，那么他绝不会有什么大成就。"

伟人之所以能够成功，就在于他们相信自己的能力，要求自己一定要超越别人、战胜别人，从而自强不息、奋斗不止、坚忍不拔。所以说，自信是承担大任的第一个条件。只有非常的自信，才能成就非常的事业。对事业充满自信而决不屈服，便永远没有所谓的失败。

英国历史上曾经有过这样一件事：杜邦将军未能攻下克切斯城，他在法拉格特将军前面极力为自己开脱。法拉格特将军听完后只说了一句话："一个重要的原因你没有讲到，那就是你一开始就不相信自己能打败敌人。"

许多事情往往都是如此，如果你开始时就不相信自己能够成功，那么你绝不会成功。明白了这个道理，再依靠自己的努力而不是依靠上天的机遇或他人的帮忙，我们才能在某一方面成为杰出的人才。

有一个法国人，正处在不惑之年，这个年纪本应该事业有成，但是他却恰恰相反，一事无成。家人对他失望极了，久而久之，就连他自己也认为自己失败至极。

离婚、破产、失业……一连串的打击，使他觉得人生已经失去了价值和意义。由于对生活的不满，他变得越来越乖戾易怒，同时也十分脆弱，经不起任何打击。

有一天，他失魂落魄地在大街上走着，一位吉普赛人正在街边摆摊算命。

"先生，算一卦吧！"吉普赛人淡淡地说。

▲

没有什么重要的事，全当是一种娱乐，他坐了下来。

看过手相后，吉普赛人对他说："天哪，真没有想到，你是一个伟人，真了不起！"

"什么？请不要拿我开玩笑，我可不是什么伟人。"

"你知道你是谁吗？"

"我是谁？"他无奈地笑了笑，"我是一个名副其实的倒霉鬼、穷光蛋和被社会抛弃的人！"

吉普赛人笑着摇了摇头，说："先生，你错了，你是拿破仑转世，你身体里流淌着拿破仑的勇气和智慧。你就一点也没有发觉，自己长得与拿破仑非常像吗？"

听了吉普赛人的话，这个法国人半信半疑："不会吧？离婚、破产、失业全部都找上我了，不仅如此，我还无家可归，这样看来，我怎么会是拿破仑转世？"

"刚才你说的只能算是过去，你的未来可了不得，如果你不相信我说的话，五年之后再来找我，到那时，你可是全法国最成功的人。"

这个落魄的法国人带着怀疑离开了，虽然表面上他对吉普赛人的此番言论很不以为然，但是不能否认，他内心有一股前所未有的美妙的感觉。在这之前，他根本没有时间静下心来钻研拿破仑的生平事迹，这一次，他对拿破仑产生了极大的兴趣。

回到家后，他并没有像往常那样，面对满室疮痍唏嘘不已，而是想尽办法寻找和拿破仑有关的著作来学习。

时间长了，他发现，周围的人对他的态度变了，他们都在用一种全新的眼光来看待他，他的事业也越来越顺利。

直到这时，他才领悟到，其实周围一切都没有改变，唯一做出改变的只有他自己。经过一番仔细观察，他发现自己的气质、思维模式都在不自觉地模仿着拿破仑，就连走路也颇有一点拿破仑的架势。

过了13年，在这个人55岁的时候，他成为了亿万富翁，一位法国著名的成功商人。

如果想让周围的人相信你，想要承担大任的话，首先应该相信自己。自信是成功的第一秘诀。有史以来，没有一件伟大的事业不是因为自信而成功的。

决心就是力量，信心就是成功。当一个人怀着信心去做事的时候，心中就拥有了对所做事的把握，并且，在这个过程中，会表现出来一种与众不同的气质，而这种气质就是自信。

1987年，麦格雷戈放弃了衣食无忧的"顾问"职位去试着实现他的一个"梦想"。他原来的公司是在机场和饭店向出差的企业人员出租折叠式移动电话的，但这些不能提供有详细记载的计费单，而没有这种"账单"，一些公司就以没有依据为由不给雇员报销电话费。现在急需在电话内装一种电脑微电路，以便记录每次通话的地址、时间、费用。

麦格雷戈知道自己的设想一定行得通，在家人的大力支持下，他开始物色投资者并着手试验，但这项雄心勃勃的冒险进行起来并不顺利。

1990年3月的一个星期五，全家几乎面临绝境。一位法庭工作人员找上门，通知他们如果下星期一还交不上房租，他们就只有去蹲大街了。

麦格雷戈在绝望之中把整个周末都用来联系投资者，功夫不负有心人，星期天晚上11点，终于有人许诺送一张支票来。

麦格雷戈用这笔钱付了账单，并雇用了一名顾问工程师。但是忙碌了几个月，工程师说麦格雷戈设想的这种装置简直是"不可能"！

到了1991年5月，家庭经济状况重新陷入困境，麦格雷戈只好打电话给贝索思——一家著名的电讯公司，一位高级主管在电话里问了他："你能在6月24日前拿出样品吗？"

麦格雷戈脑中不由想起工程师的话和工作台上试验失败后扔得到处都是的工具，他强迫自己镇定下来，用尽量自信的声音说："肯定行！"

他马上给大儿子格里格打去电话——他正在大学读电脑专业，告诉他自己所面临的严峻挑战。

格里格开始通宵达旦地为父亲设计曾使许多专家都束手无策的自动化电路。在父子二人的共同努力下，样品终于设计出来了。6月23日，麦格雷戈和格里格带着他们的样品乘飞机到亚特兰大接受检验，一举获得成功。

现在，麦格雷戈的特里麦克移动电话公司，已是一家资产达数千万美元、在本行业居领先地位的企业。

任何时候，都不要轻易动摇信心。只要是你所向往的，如果你想实现终极目标，即使是你始终未曾接触过的领域，也一定要从心里建立起"有信心"的信念。你得从此刻便开始学习感受那份信心，相信自己有资格、有力量取得成功。

可以毫不夸张地说，一个人之所以失败，是因为他自己要失败；一个人之所以成功，是因为他自己要成功。一个平庸的丧失进取动力的人，总觉得自己不重要，成就不了什么大事，因而他扮演的始终是可有可无的小角色，这样的人，从他的言谈举止都显示出信心的缺乏。实践证明，否定自己是一种可怕的思想，它足以产生一种消极的力量，常常使人走向失败之途；而充满信心的人，则常常踏上成功之路。

2.自卑没什么，因为你可以补偿它　　◀

与自信正好相反，自卑是一种消极的自我认识和一种消极的人生态度。自卑的人在遇到问题时往往无所适从，总是觉得自己不如别人，不相信自己有能力处理好所面临的问题，甚至破罐子破摔，自暴自弃。

研究发现，每一个人在幼儿时期都有过自卑的经历，因为他们不依赖成年人就无法生存，这种依赖总是建立在成人的强大与他们的弱小所形成的巨大反差上。但是，儿童并不永远自甘于这种依附的地位，正如现代著名精神分析学者阿德勒所言:"所有的儿童都有一种内在的自卑感,它刺激儿童的想象力并诱发儿童试图去改善个人的处境,以消除心里的自卑感。"

这就是著名的自卑补偿法。也就是说自卑有巨大的补偿作用,对于那些具有深深的自卑感的人来说,自卑有时有如一盏指路明灯,亦是一种巨大的精神鼓舞。

在日常生活中,有很多"补偿"的例子。如双目失明的人会全力发展他的听觉和触觉;下肢残疾的人会全力发展他的上肢;聋哑人会全力发展他的肢体表达能力。阿德勒认为,一个人的缺陷感越大,自卑感越重,就会越敏感,个体寻求补偿的愿望也就越迫切,因此孱弱的儿童往往比健全的儿童更好胜。

狄摩西尼出生于雅典的一个富裕家庭。不幸的是,他的父亲在他7岁那年去世了。随着父亲的去世,不幸接踵而至,母亲改嫁,巨额的家产被监护人侵吞。一夜之间,他由一位大人物的宝贝儿子,成为一个一贫如洗的"孤儿"。狄摩西尼本来就天生口吃,加上家庭破裂的原因,他一直没有受过良好的教育。成年后,他的口吃越发严重。不过,在狄摩西尼了解到自己家庭的真相后,决心向法庭提出诉讼,讨还被夺取的家产。可是,由于他没有能力在法庭上清楚、流利地陈述自己的意见,只好暂时放弃。换了别人,可能会由此感到深深的自卑,向命运屈服。但狄摩西尼却选择了向命运挑战,向自己的生理缺陷挑战。据说,他为了战胜自己的口吃,每天要大声诵读一百多页文章,站在海边含着石子迎风练习辩术。最后,他居然战胜了自我,不但讨回了自己的家产,还成了雅典著名的演讲家,使在常人眼里不可能的事情成为了现实。他常在公民大会上凭借自己雄辩的口才发表政治演讲,得到了人们的热烈拥护。作为雅典民主派的领袖,狄摩西尼领导雅典人民进行了近30年的反对马其顿侵略的斗争。在马其顿入侵希腊时,狄摩西尼发表了动人的演说,谴责马其顿王腓力二世的野心。他被公认为是历史上最杰出的演说家之一。

狄摩西尼故事的意义在于,当厄运快要扼住你喉咙的时候,你选择了自卑和屈服,就等于选择了100%的失败;你选择了自信和抗争,可能就争取到了那0.01%的希望。原来自信和自卑只有一步之遥。

甚至可以说,自卑感是个人取得成就的主要推动力:在人际链上,几乎每个人都处于一种比上不足比下有余的地位,与上面的人相比,他感到自卑,于是,一种要求补偿的动力会推动他去奋斗;当他达到补偿与"卑劣地位"的平衡后,他又处于人际链的一个新的节点上,这时若与别人更大的成就相比,又会使他产生自卑感,从而又激发他去争取更大的成就。这种不断要求补偿的动力,正是人类地位之所以增进的原因,我们人类的文化很多都是以自卑感为基础的。自卑感之所以成为个体发展的动力,是因为每一个个体身上都潜藏着与生俱来的追求卓越的向上意志。而追求卓越是每一个人的基本动机,它是一种生活本身的固有需要,从"低"到"高"的欲求也永无休止。正因为每一个个体身上都有着这样一种与生俱来并与生长过程并驾齐驱的基本动机,因而自卑感才成为个体不断弥补不足、不断进取、不断超越的潜在动力。因此,自卑是一个不能随意就定性的东西,无所谓好,也无所谓坏,关键是自卑向何处发展。如果自卑感在一个人成年以后的生活中一直延续下去,逐步走向意志消沉、不思进取、甘于落后、自暴自弃,这时正常的自卑感就变成了"自卑情结",而自卑情结对于个体的正常生活和发展是一种障碍。但是,只要自卑感不变成自卑情结,那么,它就会推动个体去追求补偿,因而对于个体的发展就是一种激励因素。所以,有自卑感并不可怕,只要个人始终努力克服自卑,追求优越,自卑就会转化为自信。不然,自卑就会向自弃、自毁和自灭的方向发展。

自卑心理多产生于畏惧,产生于对社会及未知事物的不确定感。要想征服畏惧,彻底战胜自卑,不能夸夸其谈、止于幻想,而必须付诸实践。建立自信最快、最有效的方法,就是去做一些自己不敢尝试的事,直到获得成功为止。

永远挑前面的位子坐

在各种形式的聚会中,在各种类型的课堂上,后面的座位总是先被人坐满。大部分占据后排座位的人,都希望自己不会"太显眼",而他们怕受人注目的原因就是缺乏自信。

坐在前面能增强自信。因为敢为人先，敢在人前，敢于将自己置于众目睽睽之下，就必须有足够的勇气和胆量。久而久之，这种行为就成了习惯，自卑也就在潜移默化中变为自信。另外，坐在显眼的位置，就会放大自己在领导及老师视野中的形象，提高反复出现的频率，起到强化自己形象的作用。不妨把这当作一个规则试试看，从现在开始就尽量往前坐吧！虽然坐在前面会比较显眼，但要记住，具有成功性的东西大都是显眼的。

自言自语肯定自己

在心理学中，自言自语是增强自信的重要方法。每天可以在独处或走路时，小声地对自己说话。说些什么呢？当然不外乎"我真的很棒""我一定是最美的""我最聪明""我总是能解决所有问题"等。

这种做法有三个地方一定要注意：一是用第一人称叙述，也就是都用"我"如何如何，而不是"你"；二是所有句子都用肯定句，没有否定句、疑问句；三则是一定要说出口，不能只是心中默想，不论声音大小，每个句子都必须说出声音，默想的效果不仅不佳，也达不到坚定信心的目的。

改变行走的姿势与速度

许多心理学家认为，人们行走的姿势、步伐与其心理状态有一定关系。懒散的姿势、缓慢的步伐是情绪低落的表现，是对自己、对工作以及对别人不愉快感受的反映。倘若仔细观察就会发现，身体的动作是心灵活动的结果。那些受打击、被排斥的人，走路都拖拖拉拉，缺乏自信。反过来，改变行走的姿势与速度，有助于心境的调整。要表现出超凡的信心，走起路来应比一般人快。将走路速度加快，就仿佛告诉整个世界："我要到一个重要的地方，去做很重要的事情。"步伐轻快敏捷，身姿昂首挺胸，会给人带来明朗的心境，会使自卑逃遁，自信陡生。

练习当众发言

在大庭广众讲话，需要巨大的勇气和胆量，这是培养和锻炼自信的重要途径。在我们周围，有很多思想敏锐、天资颇高的人无法发挥他们的长处参与讨论,其实不是他们不想参与,而是缺乏信心。

在公众场合,沉默寡言的人都认为:"我的意见可能没有价值,如果说出来,别人可能会觉得很愚蠢,我最好什么也别说。而且,其他人可能都比我懂得多,我并不想让他们知道我是多么无知。"这些人常常会对自己许下渺茫的诺言:"等下一次再发言。"可是他们很清楚自己是无法兑现这个诺言的。每次的沉默寡言,都是"缺乏自信"这一毒素的又一次发作,都会使他们越来越缺少自信。

从积极的角度来看,如果尽量发言,就会增加信心。不论是参加什么性质的会议,每次都要主动发言。有许多原本木讷或者口吃的人,都是通过练习当众讲话而变得自信起来的。

敢于正视别人

眼睛是心灵的窗口,一个人的眼神可以折射出性格,透露出信息,传递出微妙的情感。不敢正视别人,意味着自卑、胆怯、恐惧;躲避别人的眼神,则折射出阴暗、不坦荡的心态。正视别人等于告诉对方:"我是诚实的、光明正大的;我非常尊重你,喜欢你。"因此,正视别人,是积极心态的反映,是自信的象征,更是个人魅力的展示。

放大自己最得意的照片

热爱自己是获得幸福生活的先决条件,而讨厌自己则会令人感到生活非常痛苦。热爱自己的方式多种多样,充分利用自己的照片就是其中之一。

你的影集里一定收藏了很多照片,你可以从中找到许多不同的自我。当你看到最不喜欢的表情时,可能会被一种低沉的情绪和随之而来的寂寞感所控制。这时,你就该另辟蹊径,去把你最中意的照片找出来并认真注视它,然后你可能立刻又会产生一种慰藉感,而且越看越兴高采烈。这时也许你会情不自禁地自言自语道:"你看这照片上的人多有精神,肯定是个有用之才。"

每天都去欣赏你最喜欢的照片,你就会得到一些极有益的启示。把你最得意的照片挑选出来,把它们放大后装入金边相框里,然后挂在屋中最显眼的地方。每当你看到它时,你的心中就会条件反射般出现一个明快、健康的自我形象,就会觉得信心百倍、干劲冲天,敢于向一切困难挑战。

3. 给自己发个奖杯　　　　　　　　　　　　　　◀

生活中我们总习惯于为别人喝彩,羡慕别人一点一滴的完美表现,而对自己一些突出的优点视而不见,不以为然。于是,喝彩也因寂寞而悄然离去,只剩下低头丧气的自己……

为自己喝彩,给自己一份执着,少一些失落,多一份清醒。人生不相信眼泪,命运鄙视懦弱。困难和不顺在所难免,如果总是沮丧,生活便只剩荒芜的沙漠,不如用自己的脚步来踩死自己的影子。战胜厄运,首先要战胜自己。为自己喝彩,给自己多一份自信和快乐,少一些怀疑和痛苦。凡事应学会换一个角度,从好的方面想,人生必将出现别样的风景线。这是一种乐观的积极的生活态度。即使有一千个借口哭泣,也要有一千零一个理由变得坚强;即使只有万分之一的希望,也要勇往直前,坚持到底。因为今天的太阳落下山,明天照样升起,人生也是这样。

有一位美国作家,他是靠着为报社写稿维持生活的。他给自己定了一个目标,每周必须完成两万字。达到了这一目标,就到附近的餐馆饱餐一顿作为奖赏;超过了这一目标,还可以安排自己去海滨度周末,在海滩大声为自己鼓掌、喝彩。于是,在海滨的沙滩上,常常可以见到他自得其乐的身影。

作家劳伦斯·彼德曾经这样评价一些著名歌手:为什么许多名噪一时的歌手最后以悲剧结束一生?究其原因,就是因为,在舞台上他们永远需要观众的掌声来肯定自己,需要别人为自己喝彩。但是由于他们从来不曾听到过自己的掌声和喝彩声,所以一旦下台,进入自己的卧室时,便会倍觉凄凉,觉得听众把自己抛弃了。他的这一剖析,确实非常深刻,也值得深省。

▲

我们鼓励所有人给自己鼓掌，为自己喝彩，绝不是叫人自我陶醉，而是为了让人强化自己的信念和自信心，正确地评估自己的能力。

当我们取得了成就，做出了成绩，或朝着自己的目标不断前进的时候，千万别忘了给自己鼓掌，为自己喝彩。当你对自己说"你干得好极了"或"真是一个好主意"时，你的内心一定会被这种内在的支持所激励。而这种成功途中的欢乐，确实是很值得你去细细品味的。

人生来就需要得到鼓励和赞扬。许多人做出了成绩，往往期待着别人来赞许。其实光靠别人的赞许还是不够的，何况别人的赞许会受到各种外在条件的制约，难以符合你的实际情况或满足你真正的期盼。如果想克服自卑感，增强自己的自信心和成功信念，那么就不妨花些时间，恰当地为自己喝彩。

一个人如果自惭形秽，那他就很难有好形象；如果他觉得自己不聪明，那他就难以成为聪明的人；如果他不觉得自己心地善良——即使在心底隐隐地有这种感觉，那他也成不了善良的人。

一个雕塑家发现自己的面貌越来越丑了。"丑"并非指肤色、五官（他原来长得不错的），而是指神情、神态，怎么就那样的"狡诈""凶恶""古怪"，以至于使面相本身也让人觉得可恶可怕。

他遍访名医，均无办法。因为，吃药也好，整容也好，都无法医治五官之间的"关系"——无法医治一个人的愁眉苦脸，无法医治"满脸横肉，凶神恶煞"。

一个偶然的机会，他游历一座庙宇时，把自己的苦衷向长老说了。长老说，我可以治你的"病"，但不能白治，你必须为我先做一点事——塑几尊神态各异的观音像。

雕塑家接受了这个条件。

在中国千百年的传统文化中，观音是慈祥、善良、圣洁、宽仁、正义的化身，其面相神情，自然就是群众心中这些概念的形象化、典型化。

雕塑家在塑造过程中不断研究、琢磨观音的德行言表，不断模拟观音的心态和神情，达到了忘我的程度。他相信自己就是观音。

半年后,工作完成了。同时,他惊喜地发现自己已经变得神清气爽,相貌也变得端正庄严了。

他感谢长老治好了他的病。

"不,"长老说,"是你自己治好的。"

此时,雕塑家已找到了自己"变丑"的病根——原来过去两年,他一直都在雕塑夜叉像!

齐格说过:"没有任何东西可以阻挡思维方式正确的人达到他的目的,也没有任何东西可以帮助思维方式错误的人。"相信你自己行,就一定行,坚定自信,才会使潜能得到发挥。

从下决心做一个成功的人的那一刻起,就要马上从状态上把自己当成已经成功的那个人,也就是说要一步进入角色。

比如说你想当一个企业家,从今天开始就要以一个企业家的心态、思维模式和眼光来学习、观察、分析,来处理身边的事情和关系,而不是等奋斗到快当企业家了才来这样做。刘邦能够当皇帝,并非是因为打败了项羽,而是在乡下看到秦始皇出行队伍的浩荡威仪而发出"大丈夫理应如此"的赞叹时,他就开始为了皇位而努力。

如果你已经清晰地确定了自己的目标,无论那目标是什么,都要让自己尽快进入相应的角色。这样,你就能进入最佳状态,实现自己的愿望。记住,机会永远只向有准备的人微笑。

当然,如果你通过自己的努力取得了一定的成绩,不妨为自己庆贺一番,这样一来就会拥有更多的自信。

许多每天从事推销工作的业务员都有这样的经验:如果早上起来,心情不佳,自忖无法应付即将面对的难缠的客户时,便会将成交率高的客户作为首先拜访的对象,待成交几笔交易,自信心培养充分以后,再去拜访其他较难缠的客户。这种方式不但可以使其心情由阴郁变开朗,还可以确保一天的业绩。

实际上,他们所需要的,正是一种能增强自信心的成就感。成功者善于爱

▲

护和不断地培养自己的自信心,他们懂得如何"颁奖给自己"。

一个没有自信的人只会把自己的成功当作一种运气,这种人不会成为真正的成功者。

成功者在找到了自己的目标后,总是以强烈的进取精神千方百计地去创造条件,实现目标,从而大大增加了自己成功的机会。即使遇到挫折,他们也会积极进行分析,调整自己的心态,去进行新一轮的努力。而当事情有了进展后,他们往往能充分肯定自己已有的成就,并以此来增加自己前进的动力。

成功的信念需要成就感来充实,请不要忘记:给自己颁奖!

4. 流言蜚语,也可以让你上进 ◀

当你对别人说你想做个亿万富翁的时候,恐怕绝大多数人都会觉得你只是说说而已。那些关心你的人会劝你现实点儿,不要给自己增加烦恼;那些轻视你的人则会嘲笑你,说你是异想天开,别说当什么亿万富翁,你能生存下去就很好了。

面对别人的种种说法,你会怎么办呢?是对他们的看法置之不理,还是"虚心"听取呢?希望你能从下面这个故事中得到启示:

1900年7月,在浩渺无边的大西洋上,海风怒吼,巨浪滔天,暴风雨中,一叶小舟一会儿冲上浪尖,一会儿跌入波谷,恶劣的天气和狂风巨浪似乎要将它撕个粉碎。驾驶这叶小舟的这位金发碧眼的年轻人是一位德国的医学博士,名叫林德曼。大海无情,无数鲜活的生命被它吞噬。为什么他要孤身一人进行这危险的航行?为什么还要选择这样恶劣的天气?

林德曼在德国从事的是精神病学研究,出于对这份职业的执着,他正在以自己的生命为代价,进行着一项亘古未有的心理学实验。

林德曼博士在医疗实践中发现,许多人之所以成为精神病患者,主要是因为他们感情脆弱,缺乏坚强的意志,心理承受能力差,经受不住失败和困难的考验,关键时刻失去了对自己的信心。有些看上去体格非常健壮的人,后来却因为承受不住心理的压力而精神崩溃。林德曼认为:一个人保持身心健康的关键,是要永远自信!

当时,德国举国上下正在掀起一场独舟横渡大西洋的探险热潮,全国先后有100多位勇士驾舟横渡大西洋,但结果均遭失败,无一生还。消息传来,舆论界一片哗然,认为这项活动纯属冒险,它超过了人体承受能力的极限,是极其残酷的"自杀"行为。

林德曼却不这么认为。经过对这些勇士遇难情况的认真分析,他认为这些遇难的人首先不是从肉体上败下阵来的,而主要是死于精神上的崩溃,死于恐怖和绝望。

林德曼的观点遭到了舆论的质疑:探险勇士难道还不够自信?为了验证自己的观点,林德曼不顾亲人和朋友的坚决反对,决定亲自做一次横渡大西洋的试验。

在航行中,林德曼遇到了许多难以想象的困难。在漫漫的航程中,孤独、寂寞、疾病,体力的消耗,精力的消耗,都在消蚀着他的意志。特别是在航行最后的18天中,遇上了强大的季风,小船的桅杆折断了,船舷被海浪打裂了,船舱进水了。林德曼必须把舵把紧紧地捆在腰上,腾出手来拼命地往外舀船舱里的水。

在和滔天巨浪搏斗的整整三天三夜中,他没有吃一粒米,没有合一下眼。那场面真是惊心动魄,九死一生。多少次他感到坚持不住了,感到自己不行了,有时眼前甚至出现了幻觉,准备放弃了,但每当这个时候,他就狠狠地掐自己的胳膊,直到感觉到疼痛,然后激励自己:"林德曼,你不是懦夫,你不会葬身大海,你一定会成功的!再坚持一天,就能到达胜利的彼岸。"

"我一定会成功!"林德曼的心中反复地呼喊着这几个字。生的希望支持着林德曼，最后他终于成功了。

"100多人都失败了，我为什么能成功呢？"他说，"我一直自信自己一定能成功。即使在最困难的时候，我也以此自励！这个信念已经和我身体的每一个细胞融为一体。"

林德曼的故事告诉我们，不管面对什么样的质疑，不论在什么样的困境中，唯一能拯救你的是你自己，和你自己的信心；唯一能打垮你的也是你自己，和你自己的灰心。

肯定自己是自信、勇敢的表现，能够让我们发现自身价值并激发自身潜能，是改变人生道路的前提。只有敢于肯定自己、正视自己、提升自己的人，才有可能成为强者，做出一番成绩，进而让别人重视自己。所以，别被他人的质疑击败。

每个人都知道自信的重要性，但要做到永远自信却很难。就像那些觉得你不可能成为亿万富翁的人一样，是他们本来不想自己可以成为亿万富翁，进而将这种不自信转移到了你身上，认为你和他们一样，他们做不到的事情你也未必能做到。

但事实上，你和他们不一样，因为你有自信，而他们没有。因此，不要在乎别人说什么，只要你真的相信自己可以成为一个亿万富翁，那么就坚持自己的想法。你努力之后取得的成就，就是对他们最有力的反驳。正如拿破仑曾在学校里被嘲讽过千百次，但最终的事实却是：不信任他的人全错了。

拿破仑小时候家里很穷，他的父亲借钱把他送到柏林市的一所贵族学校去读书。由于家庭贫困的原因，在学校里拿破仑经常被人欺负。久而久之，拿破仑也开始相信同学们嘲讽他时所说的话了。他心想：同学们说得没错，我怎么可能成功呢？因此，他每天都是忧心忡忡的。

于是，拿破仑开始忍气吞声，在学校里"混日子"。后来，他实在忍不下去了，便写了一封信给父亲，说自己不适合上学，想让父亲接他回家。父亲没有着急,而是在回信中说:"我们穷是事实,但是你必须坚持在那里继续读下去。你不要太自卑了,等你成功了,一切都会随之改变。"

慢慢地,在父亲的鼓励下,拿破仑终于不再自卑。他不再将同学们的侮辱和耻笑放在心上,而是静下心来读书。5年里,他受尽了同学们的欺负,但每一次都会使他的志气增长一分。后来,拿破仑进了军队,开始只是一名少尉。在军队中,由于体格孱弱,他处处受人轻视,上司和同伴们都瞧不起他。但他并没有一蹶不振,而是利用同伴们玩乐的时间努力读书,希望在知识上胜过他们!

拿破仑只专心读那些能使他有所成就的书,而不读那些平凡无用的消遣书。在自己那间闷热狭小的屋子,拿破仑苦学了好几年,仅仅是摘抄的名言警句就达到了4000多页。看着这些书,他不再惧怕孤独。此外,拿破仑还常常喜欢把自己当成前线作战的总司令,运用所学的地理知识和数学知识来"指挥"作战。

渐渐地,拿破仑开始得到长官的青睐,逐渐得到很多实战锻炼的机会,并最终成为了雄才伟略的法国皇帝。而当年那些瞧不起他的人,全都成了他的臣子。

拿破仑听从了父亲的话,最终用信心、努力改变了自己的人生。一个心态上的改变,让拿破仑展现出了不一样的气质。拿破仑之所以能够成为伟人,一个重要的原因就是他克服了自己的缺憾,战胜了自卑心理。

拿破仑没有因为别人的质疑、轻视而否定自己,而是以此为跳板奋起,为什么你不可以如此呢? 所以,哥伦比亚大学认为,面对别人的流言蜚语,如果处理得好,它就不会是你前进的阻力,而是一种催你奋进的动力!

5. 至少要认识一位善通世故的长辈,请他做顾问 ◀

远大的理想让你感到茫然,榜样能让你对自己的未来充满信心。以人为镜,可以自我激励。向一个能激发我们生命潜能的成功楷模学习,价值远胜于一次发财获利的机会——它能使我们增加无穷的信心和力量,并升华我们的成长境界。

古希腊的父母对于孩子在白天上几个小时的课感到不满足,他们就想办法让孩子与老师共同生活几年。他们相信,能有与老师一起生活的体验才是更好的学校。

我们生活中大部分的朋友都是偶然结交到的,我们或者和他们住得很近,因而相识;或者是以未曾预料到的方式和他们相识了。结交朋友虽出于偶然,但朋友对于个人进步的影响却很大。因而交朋友宜经过郑重考虑之后再做决定。

不少人总是乐于跟比自己差的人交往,因为这样可以获得优越感。这的确很能安慰自己,可是从不如自己的人身上显然是学不到什么有价值的东西的。而结交比自己优秀的朋友,则能促使我们更快成长、更加成熟。

要和人相识,并不像通常想象的那么困难,就是要结交地位较高的人也是如此。

美国有一位名叫阿瑟·华卡的农家少年,他在杂志上读了某些大实业家的故事,很想知道得更详细些,并希望能得到他们对后来者的忠告。

有一天,他跑到纽约,也不管几点开始办公,早上7点就到了威廉·B·亚斯达的事务所。亚斯达开始时并不喜欢这个年轻人,然而一听少年问他:"我很想知道,我怎样才能赚得百万美元?"他的表情便柔和起来。也许是他钦佩华卡的雄心和勇气吧！两人竟谈了一个小时。随后亚斯达还告诉他该去访问的其他实业界的名人。华卡照着亚斯达的指示，遍访了一流的商人、总编辑及银行家。

在赚钱方面，华卡所得到的忠告并不见得对他有多大帮助，但是能得到成功者的接见，却给了他自信。他开始效仿他们成功的做法。又过了两年，华卡成为他做学徒的那家工厂的所有者。后来他又成为一家农业机械厂的总经理。不到五年，他就如愿以偿地拥有了百万美元的财富。再后来，这个来自乡村粗陋木屋的少年，终于成为某银行董事会的一员。

华卡在生活中一直实践着他年轻时来纽约学到的基本信条，即多与有益的人相结交。

怀特是美国印第安纳州一个小镇上的铁道电信事务所的新雇员。16岁时，他便决心要独树一帜。20多岁时，他当了管理所所长。后来，他成为俄亥俄州铁路局局长。

当他的儿子上学时，他给儿子的忠告是："在学校要和一流人物结交，有能力的人不管做什么都会成功……"

这句话并不像有些人想象的那么庸俗。在成长过程中，把有能力的人作为自己的榜样并不可耻。朋友与书籍一样，好的朋友不仅是良伴，也是良师。

要与伟大的朋友缔结友情，跟第一次就想赚百万美元一样，是相当困难的事。这原因并非在于伟人们的出类拔萃，而是你自己容易惴惴不安。年轻人容易失败的一个重要原因，就是不善于和前辈交际。一位名人曾说过："年轻人至少要认识一位善通世故的老年人，请他做顾问。"还有人说："如果要求我说一些对青年有益的话，那么，我就要求他时常跟比他优秀的人一起行动。就做学问而言或就追求成功而言，这都是非常有益的。"

《富爸爸，穷爸爸》一书的作者之一罗伯特·清崎先生说："少年时代，我非

▲

常崇拜威利·梅斯、汉克·阿龙、约吉·贝拉，他们是我心目中的英雄。作为青少年棒球联赛的参加者，我希望自己能像他们那样。我珍藏着他们的球星卡，我想知道与他们有关的一切。我知道他们的平均击球得分，他们挣多少钱，以及他们是怎样在少年棒球联赛上崭露头角的。

"在我9到10岁的时候，每次当我上场击球或充当接球手时，我便不再是我自己，我成了约吉或者汉克，这是我学到的最有力量的方法之一。但当我们长大成人后，却失去这种能力，我们失去了心目中的英雄，我们失去了过去的天真。

"今天，我看到年轻的小伙子们在我家附近打篮球。在庭院里他们不再是普通的小伙了，他们是迈克尔·乔丹、奥尼尔和约翰逊。模仿或赶超大英雄确实是一条很好的学习途径。所以，当像辛普森这样的人物名誉扫地时，人们会感到巨大的震惊和不安。

"这不仅仅是一场法庭审判，更是英雄的衰落。一个伴随着人们成长起来的人，一个人们仰慕的人，一个人们奉为楷模的人，突然之间变成了人们必须从心目中抹去的人。

"随着年龄的增长，我心目中又有了新的英雄，如高尔夫球英雄彼得·雅各布森、弗雷德·库普勒斯和泰戈尔·伍兹。我模仿他们的动作，竭尽全力去搜集与他们有关的资料。我还崇拜像唐纳德·特拉姆、沃伦·巴菲特、彼得·林奇、乔治·索罗斯和吉姆·罗杰斯这样的投资家。现在我年纪大了，但我还像小时候记得棒球明星那样记得这些新英雄的情况。我跟随沃伦·巴菲特的选择进行投资，还了解他对市场的所有看法；我阅读彼得·林奇的书，以弄懂他怎样选择股票；我还阅读了有关唐纳德·特拉姆的书，试图发现他撮合交易的秘诀。

"就像在棒球场上一样，我不再是我自己。在市场上或进行交易谈判时，我下意识地模仿特拉姆的那种气势；当分析某种趋势时，我学着像彼得·林奇那样思考，通过偶像的模范作用，我发挥出了自身巨大的潜能。"

英雄人物不仅仅激励我们，他们还会使难题看起来容易一些。正因为如此，英雄人物激发我们努力做得像他们一样。其实，他们能做到的，我们也能做到。

一位优秀的年轻人打算拥有一家自己的汽车销售代理店。因为他明白自己没有经验,所以就到一家大型销售店工作。在那期间,他见样学样,很快就把这一行的基本知识都学到了手。3年后,他独立出来,借款开始了自己的二手车推销业务。之后不到两年,他的店铺被指定为大型汽车厂家的特约代理店,走上了事业大发展之路。

洛克菲勒对儿子说:"一个人要成功, 当然需要不断地行动与积累经验,然而得到经验最快的方法,就是向一些成功者请教,请他们给你一些建议,请他们告诉你,你做对了什么事情,做错了什么事情,或让他们用他们的智慧指导你,这样比你看任何书籍都要有效。"

6. 勇敢的灵魂最美丽 ◀

每个人对成长都有自己独特的理解,是磨难,是挑战,是幸福……但有一点永远不会变:成长是成败交替的结合体,是得失兼容的五味瓶。想要不断成长,并经由成长步向成功,就必须先读懂失败、不幸、挫折和痛苦。

独步人生,我们会遇到种种困难,甚至举步维艰、悲观失望。征途茫茫,有时看不到一丝星光;长路漫漫,有时走得并不潇洒浪漫。这个时候,只有拥有一颗勇敢无畏的心,才能面对生活,克服困难。

许多初涉职场的大学生内心有无限憧憬,也有雄心壮志,感觉经济上可以独立了,终于可以摆脱对父母的依赖了,有话语权了,可以发挥自己的价值了……想象着未来一片美好。

工作不久, 才发现现实跟自己想象的很不一样。正如大家常说的那样,

"理想很丰满，现实却很骨感"，甚至是现实很残酷。结果，自信心备受打击，总是觉得生活得很不舒服，不能全心全意投入工作。在生活中封闭自己，不愿意与外界多交流，总是幻想着自己哪天做了老板该多好……

这种想法是在逃避生活中的不如意，是一种懦弱的行为。任何一个人，都要经历走上社会、逐步成熟的过程。现实中各个方面、各个行业都存在着竞争。要学会勇敢，学会在勇敢中找到自我，这是我们立足于生活必须完成的一门人生功课。勇敢的人会提醒自己：年轻的时光就是用来积累知识和阅历的，既然在这个岗位上，就要珍惜这个学习机会，无论从哪个角度看，都会学到在学校学不到的职场技能。

每个人在一生中都会遇到许多麻烦，在面对困难和挫折的时候，胆小懦弱的人往往没有坚强的意志去克服困难和挫折；勇敢坚强的人则能够做到持之以恒，凭借自己坚强的意志战胜困难和挫折，从而取得成功。

勇敢是人类的美德，每个人都想获得而又并非都能够获得；懦弱是勇敢的镜子，它使勇敢显得更伟大，而自己却备受嘲笑和奚落。

在勇敢者面前，一切困难都会迎刃而解；在懦弱者面前，哪怕只是一个小小的困难，也会变成一座坚不可摧的堡垒。

懦弱者的生命也许会很长，可他的一生却寂寞无声；勇敢者的生命也许会很短，但他像春天里的一声雷，必将震撼整个大地。

懦弱的人们只会想要去生活，但是从来就没有真正地生活过；想要去爱，去获取一份温情，但却没有真正地去爱过。因为懦弱的人心里都存在一种基本的恐惧，也就是未知的恐惧。懦弱的人总是要将自己保护在已知的安全地带，那是他们最熟悉的世界。

对于世上的人们来说，勇敢的灵魂才可能拥有多姿多彩、充满激情的快乐和幸福。因为，勇敢的人们懂得去面对现实，征服现实。

勇气，是一种美德，是一种心灵的挑战，更是一种特别的气质。勇气永远像一座山，一座非常美丽的山。

不过，人一旦开始跨到自己已知的屏障之外，那也是非常危险的。但如果敢于去冒别人不敢冒的险，生活就会越加充实。因为，灵魂唯有在巨大的冒险中，才会诞生出多彩的、丰富的人生。不然，人可能就会只是在维持一个肉体的空壳，在空虚中生存着。

从前，有三兄弟，他们很想知道自己未来的命运，于是一起去请教智者。知道他们的来意后，智者问道："据说在遥远的天竺国的大国寺里，有一颗价值连城的夜明珠，假如让你们去取，你们会怎么做呢？"大哥说："我生性淡泊，在我眼里，夜明珠不过是一颗普通的珠子，我不会前往。"二弟拍着胸脯说："不管有多大的艰难险阻，我一定会把夜明珠取回来。"三弟则愁眉苦脸地说："去天竺路途遥远，险象环生，恐怕还没取到夜明珠，就没命了。"听完他们的回答，智者微笑着说："你们的命运已经很清楚了。大哥生性淡泊，不求名利，将来自然难以荣华富贵，但在淡泊之中也会得到许多人的帮助与照顾；二弟性格坚定果断，意志刚强，不怕困难，可能会前途无量，也许会成大器；三弟性格优柔懦弱，凡事犹豫不决，命中注定难成大事。"

勇敢与懦弱都存在于这个世界上，每个人都有不同的人生观，也就注定有不同的收获和结局。如果不能逃避生活的考验，就请做一个勇于面对生活和苦难的人吧！这样，你的人生才是值得回味的！

大作曲家贝多芬一生非常凄凉。他小时候由于家庭贫困没能上学，17岁时患了伤寒和天花之后，肺病、关节炎、黄热病、结膜炎等病痛又接踵而至。26岁那年，他还不幸失去了听觉，并且在爱情上也屡遭挫折。

在这种境遇下，贝多芬发誓"要扼住命运的咽喉"，勇敢地与生命顽强拼搏，坦然面对现实生活中所有的坎坷，一步一步向前走。贝多芬的勇敢、努力、坚持并没有白费，最后终于由一个贫穷人家的孩子成为著名作曲家，赢得了全世界人们的赞赏！

生活是严酷的。勇敢锤炼我们直面人生的胆气，勇敢驱使着我们下定决心往困难迈出第一步。它点燃我们的激情，激活我们奋进的力量！

7. 可以模仿，但不要盲从 ◄

一位大艺术家曾对他的模仿者说："学我者生，似我者死。"这实在是智者之语。学习，免不了要模仿，模仿或许是必不可少的一个学习阶段，但若止于模仿，就变成了盲从。

成绩卓著的人，擅长在模仿中汲取精华，绝不生硬地模仿，因为他们清楚地知道：模仿只是用来拓展自己的思路、增强自己的鉴别力的。

许多精英之所以能够鹤立鸡群，在于他们模仿之后有所创新。他们会从优秀者的身上发现最核心的优势，加以学习，于是身边的人越优秀他们自身也越优秀。不过，他们绝不会只是生硬地模仿优秀人士的外部行为。

亨利·福特出身寒微，所学无几，又毫无靠山，但是在短短10年间，他就克服了这些缺陷，在25年之内，成为全美乃至世界顶级富豪，这些都是人人皆知的。可是，你是否深究过他成功的奥秘？从福特的个人发展来看，自从他与爱迪生结为至交后，个人发展开始突飞猛进，而他最卓越的时代，始自于结识弗史东、柏劳斯和伯班克之后，这些人都是智能超群之辈。而福特将他们的聪明才智、知识经验和精神力量集合起来，以自己的脑力整合。但他并不是一味地模仿，否则为什么只有他成了汽车大王？

巧妙、有效地模仿是经过大脑整合的，不谙此道、一味模仿的人会窘态百出。

斯迪克快毕业时，叔叔给他讲了一个故事：

有一个孩子家境贫穷。一天，他走进一家银行，希望找一份工作，但被拒绝了。他抽泣着，嚼着从姑妈那里偷钱买来的甘草糖，一声不吭地沿着银行的大理石台阶跳下来，弯腰从地上捡起一样东西。银行家以为他要用石头掷他，于是躲到了门后，却看到那个孩子将捡起的东西装进口袋。

"过来，孩子！"银行家叫道，"你捡的是什么？""一根别针呗！"孩子回答。"你是个乖孩子吗？上过学吗？"银行家又问。"是的。"孩子回答。于是银行家用金笔写了个"St.Peter"，问小孩是什么意思。"咸彼得。"小孩并没上过学，所以他把"Saint"的缩写"St."误认为是"Salt(咸的意思)"了。

银行家并没有责备这个小孩，反而让他做了自己的合伙人，分给他一半的利润并把女儿嫁给了他。后来，他拥有了银行家的一切。

斯迪克认为这个故事对他很有启发。于是，几个星期里他每天都去一家银行的门口找别针儿，他盼着银行家把他叫进去，问："你是个乖孩子吗？"然后问"St.John"是什么意思，他就会回答是"咸约翰"，接着银行家请他做合伙人并把女儿嫁给自己。

终于有一天，一位银行家问斯迪克："小孩儿，你捡什么呀？"

"别针儿呀。"斯迪克谦虚有礼地说。

"让我瞧瞧。"银行家接过了别针。

斯迪克非常兴奋，他摘下帽子准备跟着银行家走进银行。

但是，事情并没像他想象的那样发展，银行家说："这些别针是银行的，快点离开，要是再让我看见你在这儿瞎转悠，我就放狗咬你！"

斯迪克走开了，那根别针也被吝啬的老头没收了。

每个人都有自己的特点，别人能做好的，你未必能行。聪明的人会探究别人做得好的深层原因，而不只是模仿着去"捡别针"。

当你投入汹涌澎湃的盲从激流之中时，便丧失了你的个性。一味地模仿，只会让你迷失真我，沦为被盲从激流所驱使的提线木偶。因此，你必须选择自己做主，不盲从或过度模仿他人，这样你会更快地走向成功！

第十章

苦难,绝不是你放过自己的理由

人生的道路充满荆棘与坎坷,生活中不可能总是阳光明媚的艳阳天,狂风暴雨随时都有可能光临。苦难来临时,我们无处躲藏,既然如此,索性就让它留下的创伤永远提醒自己,让自己变得更加成熟与坚强。

1. 天将降大任于斯人也　　　　　　　◀

　　古人云："天将降大任于斯人也,必先苦其心志,劳其筋骨,饿其体肤,空乏其身,行拂乱其所为,所以动心忍性,曾益其所不能。"苦难是锻炼人意志的最好学校。与苦难搏击,它会激发你身上无穷的潜力,锻炼你的胆识,磨炼你的意志。也许,身处苦难之时你会倍感痛苦与无奈,但当你走过困苦之后,你会更加深刻地明白,正是那份苦难给了你人格上的成熟和伟岸,给了你面对一切无所畏惧的胆魄,以及与这种胆魄紧密相连的面对苦难时的好心态。

　　英国劳埃德保险公司曾从拍卖市场买下一艘船,这艘船1894年下水,在大西洋上曾138次遭遇冰山,116次触礁,13次起火,207次被风暴扭断桅杆,然而它从没有沉没过。劳埃德保险公司基于它不可思议的经历及在保费方面给其带来的可观收益,最后决定把它从荷兰买回来捐给国家。现在这艘船就停泊在位于萨伦港的英国国家船舶博物馆里。不过,使这艘船名扬天下的却是一名来此观光的律师。当时,他刚打输一场官司,委托人也于不久前自杀了。尽管这不是他第一次辩护失败,也不是他遇到的第一例自杀事件,然而,每当遇到这样的事情,他总有一种负罪感。他不知该怎样安慰这些在生意场上遭受了不幸的人。当他在英国国家船舶博物馆看到这艘船时,忽然有一种想法,为什么不让他们来参观参观这艘船呢? 于是,他就把这艘船的历史抄下来和这艘船的照片一起挂在他的律师事务所里,每当商界的委托人请他辩护,无论输赢,他都建议他们去看看这艘船,好让他们知道:在大海上航行的船没有不带伤的。虽然屡遭挫折,却能够坚强地百折不挠地挺住,这就是成功的秘密。

▲

苦难，在不屈的人们面前会化成一种礼物，这份珍贵的礼物会成为真正滋润其生命的甘泉，让其在人生的任何时刻都不会轻易被击倒！

美国有一种家喻户晓的美食叫"琼斯乳猪香肠"，在它的发明背后有一段感人泪下的与命运做斗争的故事。该食品的发明人琼斯原来在威斯康星州农场工作，当时家人生活比较困难。他虽然身体强壮，工作认真勤勉，不过从来没有妄想发财。可天有不测风云，在一次意外事故中，琼斯瘫痪了，躺在床上动弹不得。亲友都认为这下他这一辈子完了，然而事实却出人意料。

琼斯身残志坚，始终没有放弃与命运做斗争。他的身体虽然瘫痪了，但他意志却丝毫没受影响，依然可以思考和计划。他决定让自己活得乐观、开朗些，对生活充满希望；他决定做一个有用的人，而不是成为家人的负担。他思考多日，最终把构想告诉家人："我的双手虽然不能工作了，我要开始用大脑工作，由你们代替我的双手，我们的农场全部改种玉米，用收获的玉米来养猪，然后趁着乳猪肉质鲜嫩时灌成香肠出售，一定会很畅销！"

老天不负有心人，事情果然不出琼斯所料，等家人按他的计划做好一切后，"琼斯乳猪香肠"一炮走红，成为人人知晓、大受欢迎的美食。

天无绝人之路，生活丢给我们一个难题，同时也会给我们解决问题的能力。琼斯能够成功，是因为他坚信人生没有过不去的坎，坚信冬天之后有春天。他在困难面前没有低头，没有被挫折吓倒，而是另辟蹊径，终于迎来了属于自己的成功。

直面人生的挫折和压力吧，因为它会让我们变得更加坚强；迎接生活的挑战吧，因为它的背后藏有成功的果实。

因此，让暴风雨来得更猛烈些吧！

2. 卧倒不是跌倒,忍耐是因为时机未到　◀

"忍"是一种做人智慧,即使是强者,在问题无法通过积极的方式解决时,也应该采取暂时忍耐的方式处理,这可以避免时间、精力等"资源"的继续投入。在胜利不可得,而资源消耗殆尽时,忍耐可以立即停止消耗,使自己有喘息、休整的机会。

也许你会认为强者不需要忍耐,因为他资源丰富而不怕消耗。理论上是这样,但实际问题是:当弱者以飞蛾扑火之势咬住你时,强者纵然得胜,也是损失不小的"惨胜"。所以,强者在某些状况下也需要忍耐。他们可以借忍耐的和平时期,来改变对自己不利的因素。

我们每一个人,都不可能永远是强者,俗话说,强中更有强中手,所以,每一个人都会经历一段"卧倒期",这样做并不是怯懦,更不是屈服,只是带来积聚力量的时间和空间,使我们能够再度站起来,取得成功。

世界上的第一位亿万富翁洛克菲勒是一位善忍、能忍的高手。

在洛克菲勒创业之初,由于资金缺乏,他的合伙人克拉克先生邀请昔日同事加德纳先生入伙,有了这位富人的加入,就意味着他们可以做很多想做、有能力做、只要有足够资金就能做成的事情。

然而,出乎意料的是,克拉克要把克拉克·洛克菲勒公司更名为克拉克·加德纳公司,他们将洛克菲勒的姓氏从公司名称中抹去的理由是:加德纳出身名门,他的姓氏能吸引更多的客户。

这是一个大大刺伤洛克菲勒尊严的理由,他同样是合伙人,加德纳带来的只是自己的那一份资金而已,难道他出身贵族就可以剥夺洛克菲勒的名分吗?但是,洛克菲勒忍下了。他知道,假如对克拉克大发雷霆,不仅有失体面,更重要的是,这会给他们的合作带来裂痕。

洛克菲勒知道自己要到哪里去。在这之后他继续一如既往、不知疲倦地热情工作。到了第三个年头,他就成功地把那位极尽奢侈的加德纳先生请出了公司,让克拉克·洛克菲勒公司的牌子重新竖立了起来!那时人们开始尊称他为洛克菲勒先生,他已成为富人。结果正像众所周知的那样,克拉克·加德纳公司永远成为了历史,取代它的是洛克菲勒·安德鲁斯公司,洛克菲勒就此成为亿万富翁。

能忍人所不能忍之侮,才能为人所不能为之事。正如大仲马在《基督山伯爵》中所说:"这是一个奥秘——卑屈的懦夫用它遮羞,坚强的巨人把它作为跳板。"一时的卧倒并不是永远的屈服,这种低调的行为不过是一种手段,当你有了强大的力量之后,就能再一次站起来!

清朝的建立者努尔哈赤出身建州女真的贵族家庭。他的祖父觉昌安和父亲塔克世都是建州女真的贵族,被明朝封为建州左卫的官员。那时建州女真有好几个部落,彼此攻击,仇杀不已。明朝的辽东总兵李成梁就利用建州各部的矛盾来加强统治。建州女真部有个土伦城的城主尼堪外兰,对李成梁毕恭毕敬,不时上贡,借明朝边官之力称霸满洲。

一次,尼堪外兰引领明军攻打古勒寨城主阿台。阿台的妻子是觉昌安的孙女。觉昌安得知此事,带着儿子塔克世到古勒寨去探望孙女。正碰上明军攻打古勒寨,觉昌安和塔克世在混战中都被明军杀害。噩耗传来,年方25岁的努尔哈赤本想起兵为祖父和父亲报仇,但势孤力单,根本不可能与拥兵百万的大明皇帝交锋。

于是,他只好把仇恨集中到尼堪外兰身上,向明朝宫吏请求把尼堪外兰交给他。这一请求惹恼了骄横跋扈的明朝边将,被视为无理取闹,一口拒绝,只肯把他祖父和父亲的遗体还给他,却不肯交出尼堪外兰,反而封尼堪外兰为"满洲国主"。尼堪外兰也因为依靠明军,势力大增,更加志得意满,不可一世。不少女真部落都归附于他，他竟趁势逼迫努尔哈赤也来归附自己，俨然以建州国君自居。

面对这种屈辱，努尔哈赤并没有让仇恨冲昏头脑。他从小就在抚顺的互市上接触了很多汉人，学会了汉文，特别喜欢读《三国演义》《水浒》这一类小说。对其中的谋略十分欣赏，用心学习。心机深密的他开始对自己的现状做了一番冷静的分析。他深知现在力量弱小，绝对不能和明军发生对抗。此时朝廷念他的祖父、父亲无辜而死，就让他子承父业，做了建州卫都督佥事，他就决定先对付尼堪外兰。他用祖父留给他的十三副铠甲起兵，把尼堪外兰打得狼狈不堪，大败而逃，明军怕因此引起更大战争，让他杀了尼堪外兰。

灭掉尼堪外兰后，努尔哈赤又把目光转向分裂的女真各部。他知道，只有女真各部族团结起来，形成一股统一的力量，才有可能对抗明朝军队。所以，他先致力于统一女真部族，对于朝廷，则采取谦恭的态度，贡赋不止，对于明朝边将的骄横无礼，也都一一忍耐了下来。他的声势越来越大，过了几年，就统一了建州女真，引起女真族其他部的恐慌。

当时的女真族共有三部，除了建州女真之外，还有海西女真和"野人"女真，海西女真中的叶赫部势力最强。看到努尔哈赤力量壮大，感到恐慌，就联合了女真、蒙古九个部落，结成联盟，合兵三万，分三路进攻努尔哈赤。努尔哈赤不慌不忙，沉着应战。他以少胜多，把这支联军打得大败。叶赫部不得不派人求和，提出将本部的公主嫁给努尔哈赤为妻。努尔哈赤答应退兵，并就此下了聘礼，向上天滴血盟誓。但是，不久叶赫部就违反了盟约，把公主另许他人，还把已经归顺了努尔哈赤的哈达部拉拢了过来。努尔哈赤当即发兵讨伐哈达部，将之打得大败。但一向对女真持分而治之政策的朝廷却对努尔哈赤施压，努尔哈赤只好暂时退兵。

后来，叶赫部将许配给努尔哈赤的公主嫁到蒙古，努尔哈赤发兵来报夺妻之恨。朝廷见形势危急，便多方调兵，并出面进行调解，努尔哈赤为形势所迫只好暂时息兵。

努尔哈赤越来越清楚地看到，统一女真各部，已经并不只是征讨叶赫部

▲

的问题，而是如何对待朝廷的问题。只要他一出兵攻打叶赫部，就不免要长驱深入到明朝的境内，一定会引起朝廷的干涉。他虽然经过几年征战，实力大大增强，但还没有到能和朝廷分庭抗礼的程度。于是，他不得不暂时放弃攻取叶赫部的计划，先尽力处理和朝廷的关系。当时，朝廷曾逼迫努尔哈赤退出建州女真部已垦种的地方，不许他们收获那里的庄稼，还违反双方划定的范围，说建州女真部越境杀人，强令努尔哈赤交出十人抵命。

对于种种无理的行为，努尔哈赤都忍了下来。为了麻痹明朝，他继续向明朝朝贡称臣，朝廷认为努尔哈赤态度恭顺，又封他为龙虎将军。他还多次到北京亲自打探明朝政府的虚实。

后来，叶赫部又在朝廷的支持下进攻努尔哈赤，努尔哈赤给予回击，大败叶赫部。此时他已经基本上完成了对女真各部的统一，将之编为八个旗，加强了战斗力。力量今非昔比。于是，就召集八旗首领和将士誓师，宣布跟明朝有七件事结下了冤仇，叫作"七大恨"。第一条就是明朝无故挑衅，害死了他的祖父和父亲。为了报仇雪恨，他决定起兵征伐明朝，不久就攻下重镇抚顺，接着取得了萨尔浒之战的胜利。经此一战，明朝军队元气大伤，不得不对努尔哈赤采取守势。后来，终于灭亡在清军的手中。

努尔哈赤的崛起，告诉了我们忍耐的力量。他当年对朝廷的屈服，只不过是采用了卧倒的守势，并不是忘记了血海深仇，而是以这样低调的行为避免引起强大明军的注意，好寻找机会，积蓄力量，以图再起。

事实证明，他的这一策略是十分有效的。

我们每一个人，都不可能永远是强者，俗话说，强中更有强中手，所以，每一个人都会经历一段"卧倒期"，这样做并不是怯懦，更不是屈服，而借时间和空间来积聚力量，使我们能够再度站起来，取得成功。

3. 请享受,这无法回避的痛苦 ◀

"不以得为喜,不以失为忧",是种非常良好的心态。这种心态的优势是专注于自己的事情,不因一时得失而忧心忡忡或兴奋狂跳。也不要大喜大悲,那样会使我们失去冷静。

要以一种泰然处之的心态去面对,生活是我们的向导,它能把我们从痛苦中引领出来。在沉重的打击面前,需要有处乱不惊的乐观心态。冷静而乐观,愉快而坦然地在生活的舞台上,学会面对痛苦微笑,坦然面对不幸。

量子论之父马克斯·普朗克是19世纪末20世纪前半期德国理论物理学界的权威,在科学界颇有威望,于1918年获诺贝尔物理学奖。

普朗克的一生并不是一帆风顺的:中年的时候妻子逝世;在第一次世界大战期间,他的长子卡尔在法国负伤而亡;他的两个孪生女儿也都分别在生孩子后不久,相继去世。

对于这些不幸,普朗克在写信给侄女时说:"我们没有权利只得到生活给我们的所有好事,不幸是自然状态……生命的价值是由人们的生活方式来决定的,所以人们一而再再而三地回到他们的职责上去工作,去向最亲爱的人表明他们的爱。这爱就像他们自己愿意体验到的那么多。"

对于自己遭遇的一个又一个的不幸,普朗克都能正确对待,他没有被这些不幸击倒,没有忘记自己人生的意义。

第二次世界大战时不幸的遭遇又一次降临到普朗克的头上。他的住宅因飞机轰炸而焚毁,他的全部藏书、手稿和几十年的日记,全部化为灰烬。为了逃避空袭,他只好暂寄在一位朋友的庄园里。对于失去家园、财产,他泰然处之。他写道:"在罗格茨的生活还不算坏。"因为他还可以工作,他已经准备好了他想要进行的关于伪科学问题的新演讲。

1944年末,他的次子被认定有密谋暗杀希特勒的"罪行"而被警察逮捕,普朗克虽然向多方求助,却没有任何效果。

普朗克在后来给侄女侄儿的信中说:"他是我生命中最宝贵的一部分。他是我的阳光,我的骄傲,我的希望。""没有言辞能描述我因他而蒙受的损失,"他在给阿·索末菲的信中说道,"我要竭尽全力让理智的工作来填补我未来的生活。"

普朗克面对如此巨大的悲痛,仍然以泰然的心态处之,实在让人敬佩。事实证明,他得到了世人的尊重。如果我们的心灵不断得到坚韧、顽强、刻苦、质朴之泉的灌溉,那么不论我们一贫如洗或是位卑如蚁,也可以求得平和的心态。

任何事情都有它的两面性。成就可以给你带来快乐,也可以给你带来烦恼,不要过分地去追求,也不要过分地重视自己的地位,你便会过得坦然而自信。

坦然是一面镜子,有裂痕,就难以复原。1988年的汉城奥运会,约翰逊只用9秒79的时间就跑完全程。然而,经过检查发现,他服用了兴奋剂,约翰逊的行为让人们对他由敬佩变为了蔑视,难道是他没有信心获得冠军,还是仅仅为了那点虚荣而毁坏了自己的人格?把冠军桂冠戴在约翰逊的头上,对别的运动员是不公平的,约翰逊缺少的是心灵深处的坦然。当人的心中拥有一份坦然的时候你就会发现,只有靠自己辛勤种植培育的花,才能开花结果。才能散发出令人陶醉的芳香。

坦然是一个人生存的智慧、生活的艺术,是看透了社会人生以后所获得的那份从容、自然和超然。

康奈尔的学子们深知:一个人要能自在自如地生活,心中就需要多份坦然。笑对人生的人比起在曲折面前悲悲戚戚的人、始终坚信前景美好的人较之脸上常常阴云密布的人,更能得到成功的垂青。

1899年7月21日,欧内斯特·海明威出生在北美五大湖之一的密歇根湖南岸，一个叫橡树园的小镇。

家里一共有六个孩子，海明威是第二个。母亲很有修养，热爱音乐。父亲是一位杰出的医生，又是个钓鱼和打猎的能手。海明威3岁时，父亲给他的生日礼物是一根鱼竿；10岁时，父亲送给他一支一人高的猎枪。父亲的影响使海明威终生充满了对捕鱼和狩猎的热爱。

14岁时海明威在父亲支持下报名学习拳击。第一次训练，他的对手是个职业拳击家，海明威被打得满脸鲜血，躺倒在地。

可是第二天，海明威还是裹着纱布来了，并且纵身跳上了拳击场。20个月之后，海明威在一次训练中被击中头部，伤了左眼。这只眼的视力再也没有恢复。

毕业以后，海明威不愿意上大学，渴望赴欧参战。因为视力的缘故未被批准。他离家来到堪萨斯城，在堪萨斯《星报》做了见习记者。

在这里他学到了最初的技巧。《星报》对于文字有110条不得违反的规定，"要用短句"，"用活的语言"，"用动词，删去形容词"，"能用一个字表达的不用两个字"，等等。海明威专心致志，很快掌握了写作的技巧，并形成了自己的文字风格。

1918年5月，海明威如愿以偿，加入了美国红十字战地服务队，来到第一次世界大战的意大利战场。

7月初的一天夜里，海明威的头部、胸部、上肢、下肢都被炸成重伤，人们把他送进野战医院。海明威的一个膝盖被打碎了，身上中的炮弹片和机枪弹头多达230余块。

他一共做了13次手术，换上了一块白金做的膝盖骨。但仍有些弹片没有取出来，到死都留在体内。

他在医院里躺了3个多月，接受了意大利政府颁发的十字军功勋章和勇敢勋章，这时他刚满19岁。

大战后海明威回到美国，战争除了给他的精神和身体带来痛苦外，没有带来任何值得高兴的事。旧的希望破灭了，新的又没有建立，前途渺茫，思想空虚。

尽管这样，海明威依旧勤奋写作。1919年夏秋，他写了12个短篇，寄给报社被全部退回。

母亲警告他：要么找一个固定的工作，要么搬出去。海明威从家里搬了出去，因为什么也改变不了他献身于文学事业的决心。他只想做第一流的、最出色的作家。

1920年的整个冬天，他独自坐在打字机前，一天到晚写作。有一次参加朋友们的聚会，海明威结识了一位叫哈德莉的红发女郎。她比海明威大8岁，成了海明威的第一个妻子。这时海明威22岁。

1922年冬天，他赴洛桑参加和平会议时，哈德莉在火车站把他的手提箱丢失了。手提箱里装着他的全部手稿，一个长篇、18个短篇和30首诗。这使海明威痛苦万分又毫无办法，只能重新开始。

1923年，海明威的第一部著作《三个短篇和十首诗》在法国的一个非正式出版社出版。总共只印了300册，在社会上毫无影响。

作为记者，海明威很受欢迎。但他呕心沥血写成的小说，却没有报刊肯用。尤其令他伤心的是，退稿信上总是称他的作品为"速写录""短文"，甚至说是"轶事"，根本就不把他的稿件看成是文学创作。1924年，海明威辞去记者工作，专门从事文学创作。他没有固定的收入，又要养活刚出生的儿子，生活艰难可想而知。

1925年是海明威最为穷困潦倒的一年。妻子已经带着儿子离开了他。他除了通宵达旦地写作，只能把看斗牛当作娱乐。

第二年，海明威与波林结婚后不久，他的第一部长篇小说《太阳照常升起》问世，立即博得了一片喝彩声，被翻译成多种文字，成了20年代那一代人的典范之作。

这部小说用美国女作家斯泰因的一句话"你们都是迷惘的一代"作为题词，从而产生了一个文学流派——"迷惘的一代"，而海明威就成了这个流派的代表。

在沉重的打击面前需要有处事不惊的乐观心态，只有这样才能战胜沮丧，使坎坷崎岖化为康庄大道。有的人可能一时丢掉了原本属于自己的东西，或是错过了一次机会，但是，在精神上绝不能失望。冷静而达观，愉快而坦然，是成功的催化剂，是另辟蹊径、迎接胜利的法宝。

摒弃世俗的偏见，豁达、洒脱，无忧无虑地承受人生百味，争取做到富不狂、贫不悲、宠不荣、辱不惊，真正拥有一颗健康、平和的心态，痛痛快快地享受人世间的阳光和温馨。

这个世界上有太多的诱惑，也就有太多的欲望。一个人需要以清醒的心态和从容的步伐走过岁月，他的精神中必定不能缺少淡泊。淡泊是一种境界，更是人生的一种追求。虽然我们每个人都渴望成功，但我们更需要的是一种平平淡淡的生活，一份实实在在的成功。

得意也罢，失意也罢，要坦然地面对生活的苦与乐。假如生活给我们的只是一次又一次的挫折，也没什么，因为那只是命运剥夺了我们活得更高贵的权利，但并没有夺走我们活得快乐和自由的权利。

生活里没有旁观者，每个人都有一个属于自己的位置，每个人也都能找到一种属于自己的精彩。因此请坦然地接受一切，包括快乐和不快乐的事情，幸福和不幸福的事情，因为这样会让我们活得更加精彩！

4. 别在过去的失败里驻足 ◀

我们都希望自己所做的每一件事不出差错，达到自己的预期目的。可是人非圣贤，孰能无过，我们不可能保证每一件事都是万无一失的。做了错事难免会悔恨，但是，如果我们总活在悔恨里，将自己困在惭愧和自责里，那我们的生活便会停滞不前。一味地悔恨带给我们的只能是消极的心态，我们的生活也会因此而变得索然无味。

有时候我们并不能预知失败的到来,但是我们也不该在它来临时坐以待毙。要想重新站起来,我们只能选择坚强。有句话说得好:"我不能左右天气,但我可以改变心情;我不能决定生命的长度,但是我可以控制生命的宽度;我不能改变过去,但我可以利用今天。"这句话所展现的就是一种积极乐观的心态。确实如此,外界的事情左右不了我们,重要的是当下的心态。面对那些不堪的过往,一个聪明人不会徘徊在过去的错误里,他会珍惜眼前,展望未来,重新获得那失去的快乐与成功。

杰尔德太太有几年非常痛苦,甚至有过自杀的念头,这是因为她感到自己的生活太不幸了。1937年,杰尔德的丈夫不幸去世,那个时候的她非常颓废。安葬完丈夫后,她写信给过去的老板里奥罗西先生,请求他让自己回去做过去的老工作。

杰尔德太太的请求得到了老板的同意。于是,杰尔德太太重新做起了卖书的工作。她以为,重新工作可以帮助自己从颓丧中解脱出来,可是,总是一个人驾车、一个人吃饭的生活几乎使她无法忍受。每天,她都会想起自己的丈夫,不由泪流满面。加上有些地方根本就推销不出去书,她的工作也很不顺心,这让她更加怀念丈夫。

杰尔德太太说:"那几年,我每天晚上都会想起丈夫去世时的模样,这让我的心里好痛,感觉干什么都没有意义。"1938年春,她来到密苏里州维沙里市推销书。那里的学校很穷,路又很不好走。她一个人又孤独、又沮丧,以至于有一次甚至想自杀。

这一切,都让杰尔德太太感到未来已经没什么希望,生活也毫无乐趣。她什么都怕:怕付不出分期付款的车钱,怕付不起房租,怕身体搞垮没钱看病。

后来,杰尔德太太看了一篇文章,其中的一句话让她震动颇大:"对于一个聪明人来说,每一天都是新生命的开始。"杰尔德太太用打字机把这句话打下来,贴在汽车的挡风玻璃上。

　　渐渐地，杰尔德太太感到，其实每一天的生活并非那么艰难，只要学会忘记过去，那么自己就会轻松得多。每天清晨她都对自己说，"今天又是一个新生命的开始。"

　　一年后，杰尔德太太已经彻底恢复健康，她说："我现在知道，不论在生活中会遇上什么问题，我都不会再害怕了。我现在知道，我不必活在过去！"

　　昨天的负担永远堆在心头，它必将成为今天的障碍、明天的毒瘤。总盯着昨天，也许你会得到一个"不忘本、忠诚"的美名，可是那份痛彻心扉的煎熬，却是只有你一个人去体会的。一个美名，一个快乐的人生，孰轻孰重，相信只要是一个正常人就会做出准确的判断。

　　所以，面对过去的伤痛，我们应当做的事情是学会忘记，而不是在嘴里、在心中念念不忘。即使你每天祈祷一百遍，你也不可能回到事情发生之前，做出回避的措施。因此，我们必须养成一个良好的习惯，生活在完全独立的今天。

　　贝多芬出生于贫寒的家庭，父亲是歌剧演员，性格粗鲁，爱酗酒，母亲是个女仆。贝多芬本人相貌丑陋，童年和少年时代生活困苦，还经常受到父亲的打骂。他11岁就加入戏院乐队，13岁当大风琴手。17岁那年，他的母亲逝世了，他要独自一人承担着教育两个兄弟的责任。

　　1793年11月贝多芬离开了故乡波恩，前往音乐之都维也纳。不久，痛苦叩响了他的生命之门。从1796年开始，贝多芬的耳朵日夜作响，听觉日益衰退。起初，他独自一人守着这可怕的秘密。1801年，贝多芬爱上了朱列塔·圭恰迪尔，他把《月光奏鸣曲》献给她。但是幼稚自私而且爱慕虚荣的朱列塔太不理解他崇高的灵魂，并于1803年与他人结婚。这是令贝多芬绝望的时刻，他甚至曾写下了遗书，想要结束自己的生命。肉体与精神的双重折磨，都反映在他这一时期《幻想奏鸣曲》《克勒策奏鸣曲》等作品中。当时席卷欧洲的革命波及了维也纳，贝多芬的情绪开始高涨，他于这时创作了《英雄交响曲》《热情奏鸣曲》等作品。

1806年5月贝多芬与布伦瑞克小姐订婚，爱情的美好产生了一系列伟大的作品。不幸的是，爱情又一次把他遗弃了，未婚妻和别人结婚了。不过这时贝多芬正处于创作的极盛时期，对一切都无所顾虑。他受到了世人瞩目，与光荣接踵而来的是最悲惨的时期：经济困窘，亲朋好友一个个死亡离散，耳朵也已全聋，和人们的交流只能在纸上进行。但是，苦难并没有让贝多芬屈服，反而让他变得更加顽强，正是在这种最艰难的处境下，他奏响了命运的最强音，创作了代表了他音乐生涯巅峰的《命运》《合唱》等作品，为当时的世界和后人展现了一个永不向命运屈服的灵魂。

有句话说得很好："无论你多么悲伤，牛奶也不可能再回到瓶子里，所以不要因为打翻的牛奶而哭泣。"生活也是如此，过去的岁月不可能重复，过去的事情不可能更改，我们只有选择好好地活在当下。

生活在当今快节奏的社会，时间正在以令人难以置信的速度飞快地溜走，所以我们没有太多时间缅怀过去，今天才是最值得我们珍视的。过去那些失败的阴影，就让它如风一般消散吧！

5. 耻辱也能成为前进的另类动力 ◀

当我们受到他人的无故讥讽甚至侮辱时，要冷静地面对与处理，平和自己的心态，不能为了暂时的挫折而钻牛角尖；要把别人的侮辱当作你奋发图强的动力，激励自己去战胜困难，取得成就。

荣誉可以成为一个人进步的动力，在一定条件下，耻辱也能达到荣誉的这种功效。

阿兰·米穆是法国当代著名长跑运动员、法国10000米长跑纪录创造者，曾先后获得第十四届伦敦奥运会10000米亚军、第十五届赫尔辛基奥运会5000米亚军、第十六届墨尔本奥运会马拉松赛冠军，后来在法国国家体育学院执教。

米穆出生在一个相当贫穷的家庭。从孩提时起，他就非常喜欢运动。可是，家里很穷，他甚至连饭都吃不饱。例如，米穆喜欢踢足球，却因为没有鞋穿只能光着脚踢。母亲好不容易替他买了双草底帆布鞋，为的是让他穿着去学校念书的。如果米穆的父亲看见他穿着这双鞋子踢足球，就会狠狠地揍他一顿，因为父亲不想让他把鞋子穿破。

12岁时，米穆已经有了小学毕业文凭，而且评语很好。母亲对他说："你终于有文凭了，这太好了！"妈妈去为他申请助学金。但是，却遭到了拒绝。

没有钱念书，于是米穆就当起了咖啡馆里跑堂的服务生。他每天都要工作到深夜，但仍然坚持长跑。为了能进行锻炼，他每天早上5点钟就得起来，累得脚跟发炎脓肿。尽管如此，他还是咬紧牙关报名参加了法国田径冠军赛。他先是参加了10000米冠军赛，可是只得了第三名。第二天，他决定再参加5000米比赛。幸运的是，他得了第二名。米穆因此得到了参加伦敦奥林匹克运动会的机会。

对米穆来说，这简直是不可思议的事情！他当时甚至还不知道什么是奥林匹克运动会，也从来想象不到奥运会是如此宏伟壮观。

但有些事情让米穆感到不快：他并没有被人认为是一名法国选手，没有一个人看得起他。比赛前几个小时，米穆想请人替自己按摩一下，于是他敲开了法国队按摩医生的房门。

按摩医生却对他说："有什么事吗，我的小伙计？"

米穆说："先生，我要跑10000米，您是否可以助我一臂之力？"

医生一边继续为一个躺在床上的运动员按摩，一边对他说："请原谅，我的小伙计，我是被派来为冠军们服务的。"

米穆知道,医生拒绝替自己按摩,无非因为自己不过是咖啡馆里的一名小跑堂罢了。

那天下午,米穆参加了具有历史意义的10000米决赛。他当时仅仅希望能取得一个好名次,因为伦敦当天的天气异常干热,很像暴风雨的前夕。比赛开始了,同伴们一个又一个地落在他的后面。米穆成了第四名,随后是第三名。很快,他发现只有捷克著名的长跑运动员扎托倍克一个人跑在他前面进行冲刺。最后米穆得了第二名,为法国夺得了第一枚奥运会银牌。

然而,最让米穆感到难受的,还是当时法国的体育报刊和新闻记者。他们在第二天早上便边打听边嚷嚷:"那个跑了第二名的家伙是谁呀?啊,准是一个北非人。天气热,他就是因为天热才得到第二名的!"

不过,让米穆感到欣慰的是在伦敦奥运会四年以后,他又被选中代表法国去赫尔辛基参加第十五届奥运会。在那里,他打破了10000米法国纪录,并在被称之为"20世纪5000米决赛"的比赛中,再一次为法国赢得了一枚银牌。

随后,在墨尔本奥运会上,米穆参加了马拉松比赛。他以1分40秒跑完了最后400米,终于成了奥运会冠军!

他不用再去咖啡馆当跑堂了。可是,米穆却说:"我喜欢咖啡,喜欢那种醇香,也喜欢那种苦涩……"

所以,受一时之辱并不可怕,关键是看你如何看待耻辱。一个人蒙受耻辱,往往会有两种态度:一是不以为耻,更不愿意从自己身上去寻找蒙受耻辱的原因,这种人只能是永远蒙受耻辱,永远不会前进;另一种是产生羞愧之心,于是从自己身上去寻找蒙受耻辱的原因,并由羞愧而产生一股巨大的向上的力量,去战胜和洗刷耻辱,从而获得成功。

林卜三司刚开始建立的一个小小的、丝毫不引人注目的化学实验室经过多年的发展,后来成为世界最著名的科技研究公司之一。

1942年的一天,许多企业家在一次集会上谈论科学和生产的关系。一位大亨高谈阔论,藐视科学,认为科学只是一些所谓的"科学家"骗钱的手段,并且否定科学的作用。

崇拜科学并且稍有作为的林卜三司带着微笑,平静地向这位大亨解释科学对企业生产的重要作用。这位大亨对此不屑一顾,还嘲讽了林卜三司一番。

最后他挑衅地说:"我的钱太多了,现有的钱袋已经放不下,想找猪耳朵做的钱袋来装。如果你所说的科学能帮这个忙,做成这样的钱袋,大家都会把你当科学家的,大家也都会相信你所说的科学的。"聪明的林卜三司听出了大亨的弦外之音,气得嘴唇直抖,但还是抑制住自己的怒气,表面仍旧非常谦虚地说:"谢谢你的指点,我会努力的。"林卜三司回去之后,暗中将市场上的猪耳朵收购一空。购回的猪耳朵被林卜三司公司的化学家分解成胶质和纤维组织,然后又把这些物质制成可纺纤维,再纺成丝线,并染上各种不同的美丽颜色,最后编织成五光十色的钱袋。

这种钱袋投放市场后,被一抢而空。

"用猪耳朵制丝钱袋"这一看来荒诞不经的恶毒挑衅被粉碎了。那些不相信科学是企业的翅膀,同时也看不起林卜三司的人,不得不对他刮目相看。

尤其是那位大亨知道这事之后亲自登门表示歉意,并且希望能与他合作。

林卜三司面对挑衅,不露声色,暗地里却做好准备,收购猪耳朵,并通过科学的方法将猪耳朵制成丝钱袋,从而回击了大亨的恶毒挑衅,一举成名。

这说明了,当处在逆境中时,受到别人的冷嘲热讽,情绪上的对立和反击甚至报复,是无济于事的,你并不会因此得到一点好处、一丝长进,也不会因此就一下子令人佩服。最好的做法就是,用事业的成功来洗刷侮辱,让人对你刮目相看。

我们有理由相信,情绪上的反抗无济于事,只有把时间和精力都花在事业上,才能走向希望和成功。

把别人的蔑视当作一种动力,要学会感谢这样的人。感谢伤害你的人,因为他磨炼了你的心志;感激羁绊你的人,因为他强化了你的双腿;感激欺骗你的人,因为他增进了你的智慧;感激藐视你的人,因为他唤醒了你的自尊;感激遗弃你的人,因为他教会了你该独立。

6. 困难像弹簧,你弱它就强 ◄

"困难像弹簧,你弱它就强。"这句俗语很多人都知道,但往往在碰到困难的时候便会忘记了一切。

攻克难关的道路并不平坦,如果你动摇了,退缩了,那将一事无成,机会将永远也不会到来。如果你不屈不挠,勇往直前,想方设法,战胜困难,你就可能成为强者。认定目标,坚持到底,成功就在眼前。因为困难的程度来源于你的内心,而并非困难本身。

毕竟,又没有到世界末日,何必要让自己坠入痛苦的深渊?无须惊慌,不必痛苦,不要烦恼,学会乐观地吞咽悲伤,坦然面对一切。打击也许是件幸运事,它可以激发你更大的潜能,促使你取得人生更辉煌的成就。下面这个故事就告诉我们这样一个道理。

世界电影巨星史泰龙,他的父亲是一个赌徒,母亲是一个酒鬼。父亲赌输了,又打母亲又打他;母亲喝醉了也拿他出气。他在拳脚交加的家庭暴力中长大,常常是鼻青脸肿,皮开肉绽。因此,他面相很不美,学习也不好。高中辍学后,便在街头当混混儿。直到20岁的时候,一件偶然的事刺激了他,使他醒悟:"不能,不能这样做。如果这样下去,岂不是和自己的父母一样吗?成为社会垃圾,人类的渣滓,带给别人、留给自己的都是痛苦——不行,我一定要成功!"

他下定决心,要走一条与父母迥然不同的路,活出个人样来。但是做什么呢?他长时间思索着。从政,可能性几乎为零;进大企业去发展,学历和文凭是目前不可逾越的高山;经商,又没有本钱……他想到了当演员——当演员不需要文凭,更不需要本钱,一旦成功,却可以名利双收。但是他显然不具备演员的条件,长相就很难使人有信心,又没接受过任何专业训练。然而,他认为当演员是他今生今世唯一出头的机会,决不放弃,一定要成功!

于是,他来到好莱坞。找明星、找导演、找制片……找一切可能使他成为演员的人,处处哀求:"给我一次机会吧,我要当演员,我一定能成功! "

很显然,他一次又一次被拒绝了。但他并不气馁,他知道,失败定有原因。每被拒绝一次,他就认真反省、检讨、学习一次。一定要成功,痴心不改,又去找人……不幸得很,两年一晃过去了,钱花光了,他只能在好莱坞打工,做些粗重的零活。

他暗自垂泪,甚至痛哭失声。难道真的没有希望了吗? 难道赌徒、酒鬼的儿子就只能做赌徒、酒鬼吗? 不行,我一定要成功! 他想,既然不能直接成功,能否换一个方法。他想出了一个"迂回前进"的思路:先写剧本,待剧本被导演看中后,再要求当演员。幸好现在的他已经不是刚来时的门外汉了。两年多的耳濡目染,每一次拒绝都是一次口传心授、一次学习、一次进步。因此,他已经具备了写电影剧本的基础知识。

一年后,剧本写出来了。他又拿去遍访各位导演——"这个剧本怎么样,让我当男主角吧! "回应普遍都是剧本还可以,但让他当男主角,简直是天大的玩笑。他再一次被拒绝了。

他不断对自己说:"我一定要成功! 也许下一次就行,再下一次、再再下一次……"在他一共遭到1300多次拒绝后的一天,一个曾拒绝过他20多次的导演对他说:

"我不知道你能否演好,但我被你的精神所感动。我可以给你一次机会,但我要把你的剧本改成电视连续剧,同时,先只拍一集,就让你当男主角,看看效果再说。如果效果不好,你便从此断绝这个念头吧! "

为了这一刻,他已经做了3年多的准备,终于可以一试身手了。机会来之不易，他不敢有丝毫懈怠，全身心地投入。第一集电视剧创下了当时全美最高收视纪录——他成功了！

在前进的途中，不可能什么事情都是一帆风顺的，总会遇到各种各样的困难、挫折，有来自自身的，也有来自外界的。只要拥有积极的心态，即使遇到困难，也可以获得帮助，事事顺心。所以，爱默生说过："伟大高贵人物最明显的标志，就是他有坚定的意志。不管环境变化到何种地步，他的初衷与希望仍然不会有丝毫的改变，从而最终克服障碍，达到所希望的目标。"

1933年1月，希特勒一上台，就发布第一号法令，把犹太人比作"恶魔"，叫嚣着要粉碎"恶魔的权利"。不久，哥廷根大学接到命令，要学校辞退所有从事教育工作的纯犹太血统的人。在被驱赶的学者中，有一位名叫爱米·诺德(A.E. Noether1882—1935)的女士，她是这所大学的教授，时年51岁。她主持的讲座被迫停止，就连微薄的薪金也被取消。这位学术上很有造诣的女性，面对困境，却心地坦然，因为她一生都是在逆境中度过的。

诺德生长在犹太籍数学教授的家庭里，从小就喜欢数学。1903年，21岁的诺德考进哥廷根大学，在那里，她听了克莱因、希尔伯特、闵可夫斯基等人的课，与数学结下了不解之缘。她学生时代就发表了几篇高质量的论文，25岁便成了世界上屈指可数的女性数学博士。

诺德在微分不等式、环和理想子群等研究方面做出了杰出的贡献。但由于当时妇女地位低下，她连讲师都评不上，在大数学家希尔伯特的强烈支持下，诺德才由希尔伯特的"私人讲师"成为哥廷根大学第一名女讲师。接下来，由于她科研成果显著，又是在希尔伯特的推荐下，取得了"编外副教授"的资格，虽然她比很多教授更有实力。

诺德热爱数学教育事业，善于启发学生思考。她终生未婚，却有许许多多"孩子"。她与学生交往密切，和蔼可亲，人们亲切地把她周围的学生称为"诺德的孩子们"。我国数学家曾炯之就是诺德的"孩子"之一。

在希特勒的命令下,诺德被迫离开哥廷根大学,去了美国工作。在美国,她同样受到学生们的尊敬和爱戴,同样有她的"孩子们"。1934年9月,美国设立了以诺德命名的博士后奖学金。不幸的是,诺德在美国工作不到两年,便死于外科手术,终年53岁。她的逝世,令很多数学同僚无限悲痛。爱因斯坦在《纽约时报》发表悼文说:"根据现在的权威数学家们的判断,诺德女士是自妇女接受高等教育以来诞生的最重要的富于创造性的数学天才。"

诺德的成功告诉我们这样一个道理:要成功就要不懈地努力,直到困难被你打垮为止。如果你没有很好地坚持,那么你就会被困难打倒。因为困难会随着你的变弱而变得强大。

世界就是有这么一种力量在推动着人类的进步,那就是坚强,坚强把困难变得弱小,只要你持之以恒,不怕艰苦,在艰苦面前表现得很积极,那么,困难就会在你的坚强之下慢慢屈服于你,而你就可以实现渴望成功的梦想了。

7. 坚持,是伴随你一生的东西 ◀

每个人都渴望成功,但不会每个人都成功。因为成功总是披着神秘的外衣,站在遥不可及的远方,可远观而不可靠近。其实,成功距离我们每个人都不遥远,关键在于你是否一直朝着它前进。

坚持就是胜利。历史上的那些伟大人物,无一例外都具有坚持到底的坚强毅力。

1864年9月3日这天,寂静的斯德哥尔摩市郊,突然爆发出一声震耳欲聋的巨响,滚滚的浓烟霎时冲上天空,一股股火焰直往上蹿。

▲

仅仅几分钟时间,一场惨祸发生了。当惊恐的人们赶到现场时,只见原来屹立在这里的一座工厂只剩下残垣断壁,火场旁边,站着一位30多岁的年轻人,突如其来的惨祸使他面无人色,浑身不住地颤抖着。

这个大难不死的青年,就是后来闻名于世的弗莱德·诺贝尔。诺贝尔眼睁睁地看着自己所创建的硝化甘油炸药实验工厂化为了灰烬。人们从瓦砾中找出了5具尸体,4个是他的亲密助手,而另一个是他在大学读书的小弟弟,现场惨不忍睹。诺贝尔的母亲得知小儿子惨死的噩耗,悲痛欲绝;年迈的父亲因大受刺激而引起脑溢血,从此半身瘫痪。然而,诺贝尔在失败面前却没有选择放弃。

事情发生后,警察局立即封锁了爆炸现场,并严禁诺贝尔重建自己的工厂。人们像躲避瘟神一样地避开他,再也没有人愿意出租土地让他进行如此危险的实验。但是,困境并没有使诺贝尔退缩。几天以后,人们发现在远离市区的马拉仑湖上,出现了一艘巨大的平底驳船,驳船上并没有装什么货物,而是装满了各种设备,一个年轻人正全神贯注地进行实验。他就是在爆炸中死里逃生,被当地居民赶走了的诺贝尔!

无畏的勇气往往令死神也望而却步。在令人心惊胆战的驳船里,诺贝尔依然持之以恒地实验,他从没放弃过自己的梦想。

皇天不负有心人,他终于发明了雷管。雷管的发明是爆炸学上的一项重大突破,随着当时许多欧洲国家工业化的加快,开矿山、修铁路、凿隧道、挖运河等需要雷管。于是,人们又开始亲近诺贝尔了。他把实验室从船上搬迁到斯德哥尔摩附近的温尔维特,正式建立了第一座硝化甘油工厂。接着,他又在德国的汉堡等地建立了炸药公司。一时间,诺贝尔的炸药成了抢手货,诺贝尔的财富与日俱增。

然而,初试成功的诺贝尔,好像总是与灾难相伴。不幸的消息接连不断地传来。旧金山运载炸药的火车因震荡发生爆炸,火车被炸得七零八落;德国一家著名工厂因搬运硝化甘油时发生碰撞而爆炸,整个工厂和附近的民房变成了一片废墟;在巴拿马,一艘满载硝化甘油的轮船,在大西洋的航行途中,因颠簸引起爆炸,整个轮船葬身大海……

一连串骇人听闻的消息,再次使人们对诺贝尔望而生畏,甚至把他当成瘟神和灾星。随着消息的广泛传播,他被全世界的人所诅咒。

面对接踵而至的灾难和困境,诺贝尔没有一蹶不振,他身上所具有的毅力和恒心,使他对已选定的目标义无反顾、永不退缩。在奋斗的路上,他已经习惯了与困难朝夕相伴。

无畏的勇气和矢志不渝的恒心最终激发了他心中的潜能,他最终征服了炸药,吓退了死神。诺贝尔赢得了巨大的成功,他一生共获专利发明权355项。他用自己的巨额财富创立的诺贝尔奖,被国际学术界视为一种崇高的荣誉。

没有勇敢的尝试,就无从得知事物的深刻内涵,只要勇敢去做了,即使失败,也由于亲身经历了实际的痛苦,而获得了宝贵的体验,从而在命运的挣扎中,愈发坚强,愈发有力,愈接近成功。

记住,命运掌握在自己的手中,只要你拥有健康的身体、积极的思想,你就是无比富有的人,这些就是成功的最大资本,而坚持不懈则是走向成功的保证。

奥古斯特·罗丹,19世纪法国伟大的雕塑家,西方近代雕塑史上继往开来的一代大师,他的雕塑作品《思想者》是现代世界上最著名的塑像。

罗丹出生于巴黎拉丁区的一个公务员家庭。父亲一直希望罗丹能掌握一门手艺,过殷实的生活。但是罗丹从小醉心于美术,为此,父亲曾撕毁罗丹的画,将他的铅笔投入火炉。罗丹的功课都很差,上课时也在画画,老师曾用戒尺狠狠打他的手,使他有一个星期不能握笔。在姐姐的资助下,罗丹上了一所工艺美校,在那里,他学习了绘画和雕塑的一些基本知识,并立下志向要当一名雕塑家,并把雕塑作为自己的人生使命。

罗丹去报考著名的巴黎美专,可能是由于他的作品太不合主考者的审美,一连三次都没有被录取。罗丹遭到如此挫折,决心再也不投考官方的艺术学校了。不久,一直资助他的姐姐病逝,罗丹心灰意冷,决心进修道院去赎罪。后来,在修道院长的鼓励下,罗丹重新树立起从事艺术的志愿,于半年后离开了修道院。

在罗丹几乎丧失信心的时候,他在工艺美校时的老师勒考克一直鼓励着他。同时他遇到了他的模特儿兼伴侣罗丝,于是他开始了他的创作生涯。

罗丹创作的头像《塌鼻人》遭到了学院派的轻视,但罗丹仍夜以继日地工作着。他曾在比利时和雕塑家范·拉斯堡合作,稍稍有了一点积蓄。利用这点钱,罗丹访问了意大利的佛罗伦萨、罗马等地,研究了那里保存的各个时期的艺术大师的作品。这次游历使罗丹获得极大的收获,回布鲁塞尔后就创作出了精心构制的作品《青铜时代》。

由于雕像过于逼真,罗丹竟被指控从尸身上模印。罗丹百般申辩,经过官方长时间的调查,才证明这确系罗丹的艺术创作,一场风波就此平息,而罗丹的名声也由此传开了。

他以但丁《神曲》中的《地狱篇》为题材,构思了规模宏大的《地狱之门》。这件作品整个创作前后费时达20年,最后也没有正式完成,但部分构思却在别的作品中有了体现。

1891年,罗丹受法国文学协会之托制作的巴尔扎克纪念像再一次遭到非议,一些人认为作品太粗陋草率,像一个裹着麻袋片的醉汉。文学协会在舆论哗然之下,拒绝接受这座纪念像。

但是在1900年巴黎三国博览会上,一个专设的展厅陈列了罗丹的171件作品,成为艺术界的盛举。成千上万的人涌来看《地狱之门》《巴尔扎克》《雨果》,来自世界各国的艺术家和社会名流纷纷向罗丹表示祝贺和敬意。罗丹在法国之外的世界获得了极大的声誉,各国博物馆争相购买他的作品,以致能得到罗丹的作品成为一时的时髦事,罗丹终于获得了成功。

1904年,罗丹被设在伦敦的国际美术家协会聘为会长,罗丹的荣誉达到了一生的顶点。光荣的罗丹并未就此止步,他唯一的生命便是雕塑。罗丹开始雕塑比真人还大一倍的《思想者》。罗丹亲身感受到脱离了兽类之后的思想者承受的压力,他通过塑像来表现这种拼搏的伟大。这是罗丹最后一部史诗性的作品,当塑像完成后,他也筋疲力尽了。

很少有人在一连串的失败后仍旧顽强地坚持,诺贝尔做到了,所以他取得了成功;罗丹做到了,所以实现了自己的梦想。在他们成功的背后,是那种敢于挑战的心。

对于大多数人来说,放弃很容易,坚持却很难。可是只要你坚定了自己内心的信念,我们就会发现其实坚持也并非难事。了解了过程的艰辛,我们会更加珍惜胜利的果实。

一个勇于选择自己人生走向的人,往往具有顽强的意志力,能在一连串的挫折中经受考验,从而锤炼自己的意志力,使自己成为一个勤奋、勇敢和富有创新精神的人。

因此,让我们记住这一句话:"其实,成功距离我们并不遥远,只要你确定了自己的方向,一直走下去就会达到成功的彼岸。"